マイクロリアクタ入門

草壁 克己・外輪 健一郎 著

米田出版

まえがき

　化学反応装置を考案、設計そして運転するための学問として化学工学や反応工学がある。化学者は実験室でフラスコやオートクレーブを用いて反応を行い、有用な新物質を発見することや新しい合成法を開拓することに精力を傾ける。発見された新しい物質を実際に世の中で役に立つ製品にするには、必要な量だけ生産するために反応装置を大型化しなければならない。できれば、連続的に製品が生産できるような改良が必要であり、装置の自動化運転が望まれる。このように、反応装置を大型化する手法をスケールアップと呼ぶ。化学工学者はスケールアップの手法を学び、実践することで、化学工業では多くの合成プロセスを設計し、運転につなげてきた。

　20 世紀は大量生産、大量消費の時代であった。そのために廃棄物によるゴミ問題や、二酸化炭素による地球温暖化の問題が発生している。これからは経済性や生産性に加えて、工業生産の新しい指標として、環境、安全、持続性などの項目を加えなければならない。このような視点からみると、反応装置についても機能化や小型化という選択種が必要となる。ここに「マイクロリアクタ」という反応装置の新しい形態が生まれてきたのは歴史的必然性があるように感じている。

　スケールアップの手法を逆に利用すれば、反応装置のスケールダウンは容易であり、これまでの知識の蓄積でマイクロリアクタの設計が可能であるという意見がある。このような見解はあるところまでは正解なのだが、マイクロリアクタが本来持っている可能性を最大限に発揮するためには、やはり実際にスケールダウンをしたときの経験を生かすことや、マイクロ空間特有の現象をうまく利用することが必要である。

　本書では、マイクロ空間を利用したマイクロ化学技術について概説し、マ

イクロリアクタの作製法、マイクロリアクタの特徴そして実際の応用例について紹介する。マイクロリアクタの技術は発展途上の技術であり、大学生や若い研究者、技術者が興味を持っていただければ幸いである。最後に本書の出版の機会を頂いた米田出版の米田忠史氏にお礼申し上げる。

平成 20 年 1 月

草壁 克己、外輪 健一郎

目　次

まえがき

第1章　マイクロ化学 …………………………………………… 1
1.1　マイクロスケール　1
1.2　マイクロリアクタ　4
1.3　マイクロ化学とナノテクノロジー　9
1.4　ナノリアクタ　11
1.5　マイクロ化学プロセス　12
参考文献　15

第2章　マイクロリアクタを作る ……………………………… 17
2.1　マイクロリアクタの分類　18
2.2　材料　19
　2.2.1　金属材料　20
　2.2.2　セラミックス材料　21
　2.2.3　ポリマー材料　22
2.3　フォトリソグラフィーおよびエッチング　24
　2.3.1　フォトリソグラフィー　24
　2.3.2　エッチング　26
　2.3.3　フォトリソグラフィーとエッチングの実際　28
2.4　機械加工　31
　2.4.1　切削加工　31
　2.4.2　ブラスト加工　34
2.5　その他の流路形成方法　34

2.5.1　放電加工　*34*
　　2.5.2　レーザ加工　*35*
　　2.5.3　成形加工　*35*
2.6　接合方法　*36*
　　2.6.1　押しつけ　*36*
　　2.6.2　融着　*36*
　　2.6.3　陽極接合　*37*
　　2.6.4　拡散接合　*37*
　　2.6.5　レーザ溶接　*38*
　　2.6.6　半田付け　*38*
　　2.6.7　直接接合　*38*
　　2.6.8　PDMSの接合　*39*
2.7　チューブの取り付け　*39*
　　2.7.1　孔あけ　*39*
　　2.7.2　チューブの接続　*40*
参考文献　*41*

第3章　マイクロ流路と流れ……………………………*43*
3.1　連続流体　*44*
3.2　層流、乱流、レイノルズ数　*45*
3.3　流れの数値シミュレーション　*47*
3.4　圧力損失　*48*
3.5　電気浸透流　*50*
3.6　速度分布　*51*
3.7　多相流　*56*
　　3.7.1　液-液2相流　*56*
　　3.7.2　気-液2相流　*61*
3.8　拡散　*61*
3.9　マイクロミキサ　*64*
3.10　混合性能評価　*69*

3.11　伝熱　*70*
3.12　熱交換器　*72*
3.13　反応流路の加熱・冷却　*74*
3.14　マイクロ流路の閉塞　*75*
参考文献　*76*

第4章　マイクロリアクタの設計　*79*
4.1　スケールアップとナンバリングアップ　*79*
4.2　マイクロ化学プロセスの概念　*82*
4.3　微細管型反応器の反応工学　*83*
4.4　マイクロリアクタを用いた反応操作　*87*
4.5　マイクロリアクタを用いた非定常操作　*89*
参考文献　*91*

第5章　マイクロ燃料電池システム　*93*
5.1　マイクロ燃料電池　*93*
5.2　燃料電池システム　*95*
5.3　改質システムによる水素製造　*97*
5.4　構造体触媒　*103*
5.5　マイクロチャネルへの触媒被覆法　*104*
5.6　マイクロ構造体触媒　*109*
5.7　マイクロリアクタを用いた気相反応　*110*
参考文献　*113*

第6章　液相系の反応への応用　*115*
6.1　温度制御性の利用　*115*
　6.1.1　フェノールのニトロ化　*116*
　6.1.2　フリーデル・クラフツ反応　*116*
　6.1.3　トルエンの直接フッ素化　*117*
　6.1.4　ラジカル重合　*119*

6.1.5　医薬品中間体の合成例　*120*

6.2　高速混合速度の利用　*121*

　6.2.1　ジアゾ系顔料の合成　*121*

　6.2.2　フルオラスケミストリーへの応用　*122*

　6.2.3　相間移動触媒によるアルキル化反応　*123*

　6.2.4　オルトニトロアニソールの水素化　*124*

6.3　滞留時間制御　*126*

　6.3.1　コルベ・シュミット合成　*126*

　6.3.2　スワン酸化　*127*

6.4　化学物質のオンデマンド生産による安全性向上　*128*

6.5　反応速度・収率の向上　*129*

　6.5.1　アルドール反応　*129*

　6.5.2　バイリス・ヒルマン反応　*130*

　6.5.3　マイケル付加反応　*131*

　6.5.4　鈴木・宮浦カップリング反応　*133*

　6.5.5　ハンチュ反応　*134*

　6.5.6　ウィッティッヒ反応　*135*

　6.5.7　フェニルボロン酸の合成　*136*

　6.5.8　ペプチド合成　*137*

　6.5.9　クネーフェナーゲル縮合反応　*138*

　6.5.10　エステル化反応　*140*

　6.5.11　熊田・コリュー反応　*141*

　6.5.12　溝呂木・ヘック反応　*142*

　6.5.13　薗頭カップリング　*143*

6.6　微粒子合成　*144*

6.7　マイクロ化学プラント　*152*

参考文献　*156*

事項索引　*161*

第1章

マイクロ化学

1.1 マイクロスケール

　分子と分子との反応を取り扱うのが化学の世界である。例えば、水素2分子と酸素1分子を反応させると水分子が生成することはよく知られている。水素分子のサイズはおよそ 0.24 nm（ナノメートル、ナノは10億分の1を表す）であり、酸素分子はおよそ 0.38 nm である。また、有機合成で用いられるベンゼンの芳香環の大きさは 0.55 nm である。このように、化学の世界では昔からマイクロ（100万分の1）ではなく、それよりもさらに1000分の1以上小さなサブナノメートルの大きさの分子を用いて反応を行い、物質を合成してきた。例えば、反応を行う場として直径 1 μm の立方体の容器（マイクロリアクタ）を想定すると、その体積は 10^{-18} m^3（$=1fL$：f はフェムトと呼ぶ。ここで、長さや質量などの単位の接頭語を表 1.1 に示す）となり、この中に水を満たすと、容器の中には100億個以上の水分子が存在していることになる。このようなことを考えると、フラスコの中でもマイクロリアクタの中でも何も違いはなく同じように反応が進むことになる。とすると「マイクロ空間における化学は何か特に新しいことが期待できるのか」という疑問がわいてくる。この問いかけに対する答えについて、この本の中でこれから少しずつ話を進めていきたい。

　ここで、径 1 cm と径 1 μm の水滴について考えてみよう。反応と同じよう

表 1-1 SI 単位の接頭語

接頭語	記号	大きさ	接頭語	記号	大きさ
デシ	c	10^{-1}	デカ	da	10^{1}
センチ	d	10^{-2}	ヘクト	h	10^{2}
ミリ	m	10^{-3}	キロ	k	10^{3}
マイクロ	μ	10^{-6}	メガ	M	10^{6}
ナノ	n	10^{-9}	ギガ	G	10^{9}
ピコ	p	10^{-12}	テラ	T	10^{12}
フェムト	f	10^{-15}	ペタ	P	10^{15}
アト	a	10^{-18}	エクサ	E	10^{18}

に、大きさの異なる水滴を比較しても何も変わらないのだろうか？　例えば、机の上に人の指先ほどの大きさの水滴を落としても、すぐには乾かないので変化に気がつかない。もしこの水滴をマイクロ化して径を 1μm にすると、水滴はあっという間に蒸発してしまうであろう。なぜそうなるかの詳しい話をここではしないが、マイクロ化するほど蒸発に必要な熱を周囲から容易に取り入れることができることや、水滴の質量当たりの表面積（比表面積）が大きくなるため、マイクロ化した水滴はすぐに蒸発することになる。このことは、マイクロ化しなくても水滴を薄く広げてやると早く蒸発するということで経験している。このようにマイクロ化すると物理的な現象に差が生じることがある。

水滴とは全く逆の例として、水中にマイクロスケール（直径 50μm 以下）の気体を吹き込んだときに形成される微細な気泡は"マイクロバブル"として注目を浴びている。マイクロバブルは水中を浮遊する過程でナノレベルまで自然収縮し、最終的には完全に消滅する性質がある。そのほかにマイクロバブルの持つ帯電作用や自己加圧効果などの特性を利用して水の殺菌や浄化、洗浄などに利用されている。

一見平滑に見える金属表面でさえ顕微鏡で拡大すると、そこには凸凹した表面が現れる。仮に表面粗さが数マイクロメートルとすると、直径 10cm の円管内に流体を流す場合には平滑管として取り扱うことになる。一方、同じ材質で内径が 100μm の管では図 1-1 に示すように平滑とはいえなくなり、

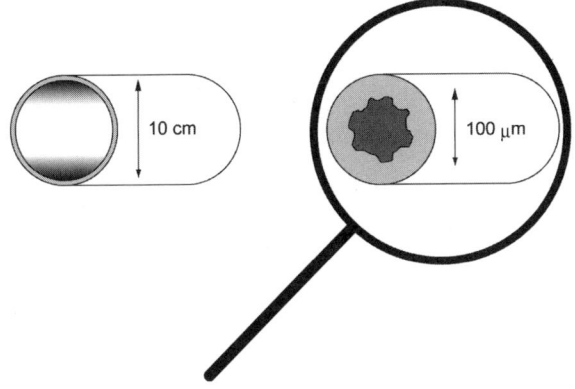

図 1-1　円管内表面の粗さの影響

　先ほどの例と同じように比表面積が大きくなることで流れの状態だけでなく伝熱などに影響を与える。これはマクロな視点では見えなかった形状の特徴が、マイクロ化することによって強調されるという例である。
　2 種類の流体を混合するときには、図 1-2 に示すような単純な T 字型の継ぎ手が用いられる。マクロな液体混合では、2 つの液体を同じ速度で流すと、T 字型継ぎ手の中心で液体同士が衝突することで乱れが生じるために出口からはほぼ混合した液体が排出される。マイクロ化すると液体の質量に対して接触する管表面積（比表面積）が大きくなるので、管表面における表面の力

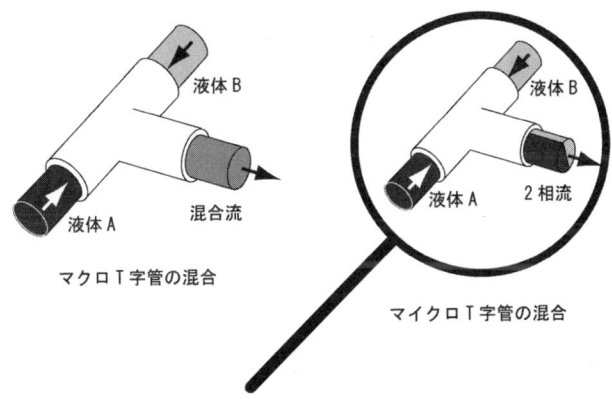

図 1-2　マイクロ空間における液体の混合

が大きく作用するために混合は進まずに、2相流を維持したままで出口から流れることになる。マイクロ化することによって流体に作用する力のバランスが崩れた例である。

このようにマイクロ化することによって、物質移動速度、伝熱速度、相対的な形状、作用する力などの因子が大きく影響を受ける。化学反応は温度や周囲の環境に大きく左右されるので、マイクロ化による物理的な変化を含めて工夫をすると、マクロな条件では実現できなかった新しい化学を、マイクロ化学の中で発見できるものと期待される。

1.2 マイクロリアクタ

マイクロリアクタはサイズが1～1000μmの流路（マイクロチャネル）を持ち、マイクロチャネル内を反応流体が流れる管型反応器である。古くから触媒反応実験用の小型固定床反応装置をマイクロリアクタと呼ぶことがある。また最近では、ゼオライトの空孔、ミセル、逆ミセルなどを微小反応場

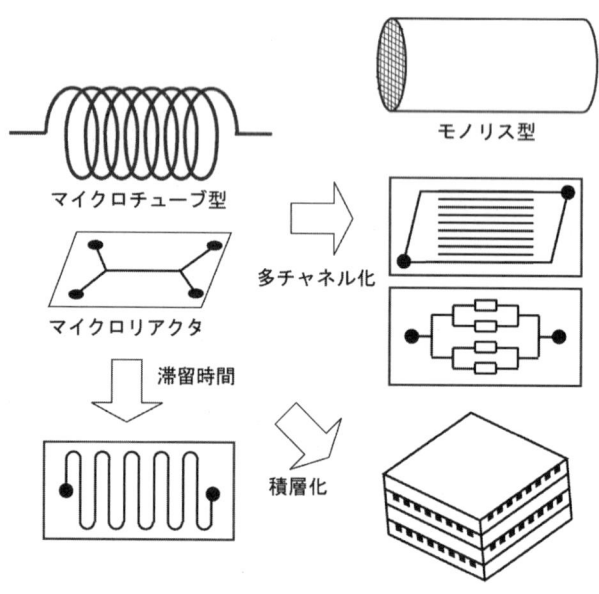

図1-3 マイクロリアクタ

として反応を行うときにもマイクロリアクタという言葉が使われている。ここで定義したマイクロリアクタについては Microfabricated reactor や Microchannel reactor と表現することがある。図 1-3 は、代表的なマイクロチャネルの概略を示す。基板上にマイクロチャネルを作製する場合には、半導体微細加工技術や精密機械加工技術を用いる。キャピラリーチューブをマイクロチャネルとすることも可能である。マイクロチャネルの大きさについては、マイクロ化することによって特別な効果が期待できる反応器であればミリメートルサイズであっても構わない。

マイクロチャネル内の反応を利用する例として最も発達しているのは化学・生化学分析の分野である。図 1-4 に示すように、数センチ角の基板（マ

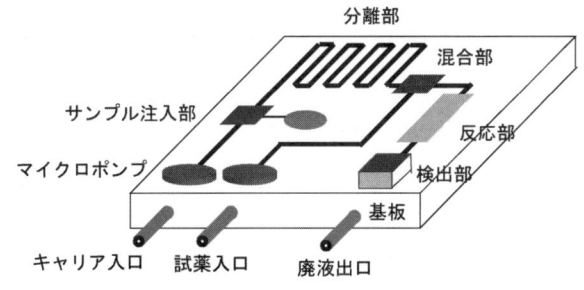

図 1-4　マイクロ化学分析トータルシステム

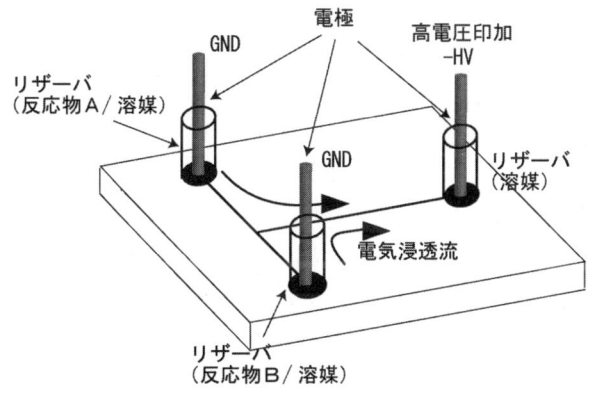

図 1-5　電気浸透流を利用したマイクロ化学チップ

イクロ化学チップ）上に、分析に必要な前処理、反応、分離、検出など、実験室で行われているすべての操作を集積化するという意味で Lab-on-a-chip と呼ぶことがあり、そのシステムをマイクロ TAS（Micro Total Analysis Systems）と呼ぶ[1]。マイクロ化学チップは化学分析以外にも DNA・ゲノム解析、遺伝子診断、タンパク質解析などバイオ分野で広く活用されている。また、マイクロ化学チップは合成化学の研究分野においても広く使われている。この場合には図 1-5 に示すように、マイクロチャネルのリザーバに電極を差し込んで高電圧を印加することにより流れを作る電気浸透流を利用する場合が多い。電気浸透流とは、マイクロチャネルの壁面に電気二重層が形成されている場合に、流路の流れ方向に電場を印加して、電気二重層の内側に形成される拡散層のイオンを電場で引きずって流れを駆動するものである。

　マイクロ化学チップを用いたジアゾカップリング反応、Wittig 反応、Michael 付加、アルドール反応、ペプチド合成などの有機反応に加え、有機光反応や有機電解反応について研究が進められている[2,3]。マイクロリアクタで反応を行うと、混合性能や反応条件の制御性に優れているなどの特色を活かすことができるので、フラスコで行った反応に比べて高い反応特性を示すことが報告されている。このように、分析や合成実験を目的とするマイクロ化学チップは工業的な生産のためのマイクロリアクタとは性格が多少異なる点がある。この本では、物質あるいはエネルギーの実生産を目的とするマイクロリアクタに焦点を絞って解説する。

　化学工学の分野ではこれまで反応器のスケールアップという手法を用いて、反応物の生産速度を上げてきた。反応流体を連続的に流通させて反応を行うマイクロリアクタでは、マイクロ化するほど生産速度が低下する。そこで、マイクロリアクタを単独で使用するのではなく、多数のマイクロリアクタあるいはマイクロチャネルを集積化するナンバリングアップの方法で生産速度を確保する方法がとられる。ナンバリングアップについては第 4 章で詳細に検討する。一方、反応槽の中で液体を撹拌しながら反応を進める回分反応器をスケールダウンしたマイクロバッチリアクタについては、反応槽容積のスケールダウンが、そのまま生産量の低下につながる。また、仮に集積化したとしても反応生成物の回収操作が煩雑になるので反応器としては魅力が

ない。
　マイクロリアクタを利用して魅力的な反応プロセスを組み立てるためにはマイクロリアクタの特徴を十分に理解していなければならない。容積が小さく、流れ系で使用するマイクロリアクタの最大の特徴は、体積に対する表面積が大きいことにある。マイクロリアクタが周囲から加熱されてΔt秒間に温度がΔT ℃上がるとき、伝熱速度$\Delta T/\Delta t$は次式で表される。

$$\Delta T/\Delta t = (S/V)[h(T-T_W)/\rho C_p] \qquad (1\text{-}1)$$

ここに、S、V、ρ、C_p、T_Wはそれぞれマイクロリアクタの表面積、体積、密度、比熱、表面温度を示し、hは伝熱係数、Tは周囲温度である。反応器をマイクロ化すれば比表面積（S/V）が増大するので、伝熱速度が増大する。マクロな反応器の比表面積が$100 \sim 1000 \text{ m}^2 \cdot \text{m}^{-3}$に対してマイクロリアクタの比表面積は$10000 \sim 50000 \text{ m}^2 \cdot \text{m}^{-3}$である。伝熱速度が大きいことは精密な温度制御性や高速熱交換性などの機能と結びつく。また、マイクロリアクタは層流状態で乱れが小さいにもかかわらず拡散距離が短くなるので、高物質移動という特徴を持ち、リアクタ内の高速混合を可能にする。
　マクロな流れ場では慣性力（$\rho S u^2 \propto L^4$）と粘性力（$\mu S u/D \propto L^2$）との比で表されるレイノルズ数（$\text{Re} = D u \rho/\mu$）が支配的であるが、サイズを1/10にすると慣性力は1/10000に、粘性力は1/100となる。流体にかかる重力（$mg \propto L^3$）は1/1000となり、界面張力（$\sigma S/D \propto L$）は1/10となる。このことからサイズを小さくすると慣性力と重力の寄与が小さくなり、相対的に粘性力と界面張力の影響が大きくなることがわかる。このことを利用してマイクロリアクタを用いた均一気泡や液滴の生成あるいは液・液抽出への適用が多く見られる。
　微細な流路であるマイクロチャネルでは流体が層流で流れることも大きな特徴のひとつであり、多相流や均一な液滴を容易に形成できるなど精密な流動制御が可能であり、リアクタ内の反応物の滞留時間を精密に制御できるなどの機能につながる。
　基板上に切削加工して作製したマイクロリアクタについては、装置形状あるいはチャネル形状の自由度が大きいことが大きな特徴である。図1-6に示すように、マクロな配管では配管同士を連結する継ぎ手を設置するために必

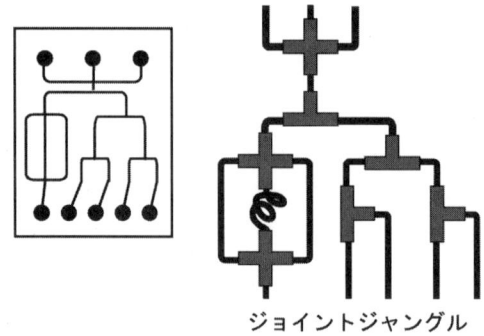

図1-6 チャネル構成の自由度

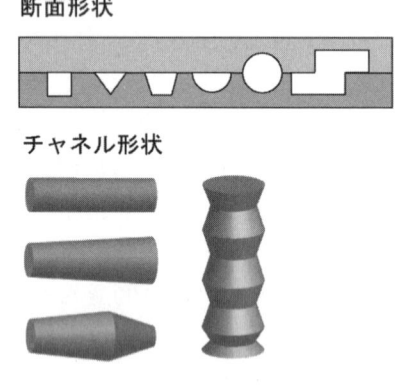

図1-7 チャネル形状の自由度

要な空間が大きいために複雑な配管は困難であるが、マイクロリアクタでは容易に複雑なマイクロチャネルを作製することができる。工業的に使われる配管の大部分は円管であるが、図1-7に示すようにマイクロチャネルの断面形状はその加工法により矩形や半円形など多様な形状が考えられる。上下の板の組み合わせ方を工夫することによって、チャネルの断面形状を変化させることや、チャネルの分岐や合一が可能である。また、テーパー管や蛇腹管の作製も可能である。

マイクロリアクタの特徴を整理して図1-8に示し、その特徴を生かした反

応を表 1-2 に示す。

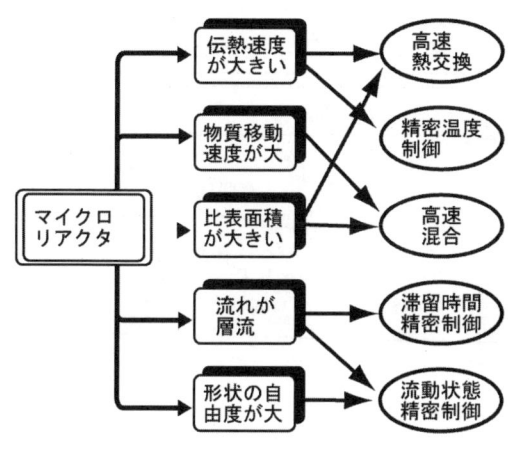

図 1-8　マイクロリアクタの特徴

表 1-2　マイクロリアクタの特徴と反応

特　徴	反　応
伝熱速度が大きい	発熱（吸熱）の大きい反応系 熱交換が重要な反応系 吸熱反応と発熱反応との組合せ 反応の非定常操作（急速加熱、急速冷却） 可燃物、爆発物を扱う系
物質移動速度が大	不均一反応系（気-液、液-液） 電気化学反応系
比表面積が大きい	不均一反応系 触媒反応系
流れが層流	液多相流反応系 廃棄物、副生成物の低減

1.3　マイクロ化学とナノテクノロジー

　分子より少し大きなサイズを扱うナノテクノロジーは、材料、エレクトロニクス、バイオなどの幅広い分野でブレークスルーをもたらす技術として期

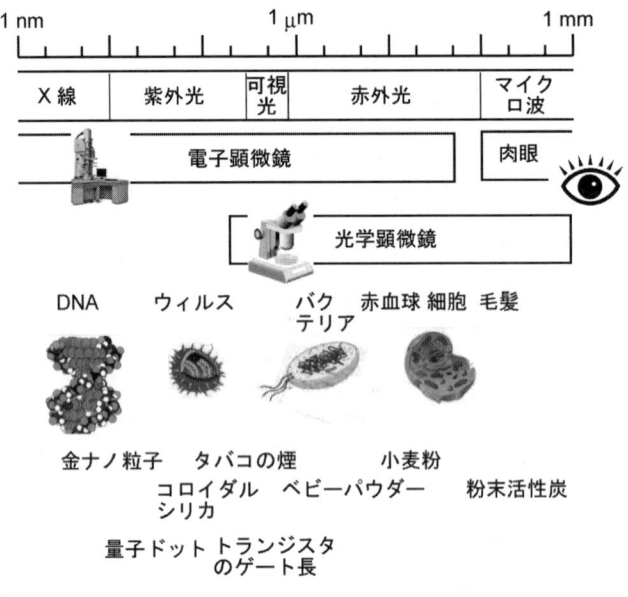

図1-9 ナノからマイクロスケール

待されている。図1-9は、1nmから1mmまでの大きさを実感するためのスケールである。ナノテクノロジーとは原子や分子の配列をナノスケールで自在に制御する技術である。材料がナノメートルの大きさであれば、欠陥を少なくして分子の集合体を合成することができるので、マクロな材料では想像もつかない強度の材料を得ることができたり、また、物質のサイズを小さくすると質量当たりの表面積が大きくなったり、量子効果が現れてきたりするので、マクロな材料にはない性質や機能が現れることが期待できる。

半導体の微細加工技術の進展と共にエレクトロニクス分野が急速に発展してきたが、バルクの材料を切削して加工する技術（トップダウン技術）は限界がみえてきた。その一方で、走査トンネル顕微鏡（**STM**）や原子間力顕微鏡（**AFM**）を用いることで、原子や分子の積み重ねによって構造体を作製する技術（ボトムアップ技術）が現実のものとなっている。将来、高集積デバイスを作製するためには大量生産が可能なボトムアップ技術を構築しなければならない。

様々なナノテクノロジーを実用化するためには、マクロなサイズで使用できる材料あるいはデバイスに仕上げる必要がある。STM や AFM は、半導体加工技術が進んで、容易にマイクロサイズのカンチレバーが加工できるようになったことで実用化されたと考えられる。ナノテクノロジーとマクロな材料やデバイスの間にはマイクロテクノロジーが存在しており、ナノテク技術を数多く実用化するには、マイクロスケールにおける現象を理解し、その技術を発展させることが必要である。

1.4　ナノリアクタ

半導体微細加工技術を利用すれば、サブミクロンの切削加工が可能である。冒頭には直径 1μm の立方体の容器（マイクロリアクタ）を例にして話をしたが、ここではナノリアクタとして直径 100 nm の容器（ナノリアクタ）について考察してみる。このサイズでナノチャネルを作製すると流体の流れに対する圧力損失などの問題もあり、物質生産としてのリアクタには向かない。この反応器の容積は $10^{-21} m^3$ となり、この中にはおよそ $3×10^7$ 個の水分子が存在することになる。ここで、水分子と質量あるいは体積が大きく変わらない分子 A について濃度 30 ppb の水溶液をこのナノリアクタに注ぐと、確率的にはリアクタの中にはおよそ 1 個の分子 A が存在することになる。同様の操作をすれば分子 A と B を 1 個ずつリアクタに仕込んで反応させることも可能である。

化学の世界では膨大な数からなる分子の反応を連続的なもの（アナログ）として観察してきたが、このナノリアクタを用いれば孤立した分子の反応挙動を観察することができる。また、数十個〜数百個の分子を用いて反応挙動を追跡すれば、時間的に不連続（デジタル）な反応過程を観測できる。合成したデンドリマーのように直径が数ナノメートルの巨大球状分子や、DNA、タンパクなどを取り扱う場合には 1 個の分子サイズが大きいので、マイクロリアクタでもこのような孤立系の反応挙動を観察することができる。

1.5 マイクロ化学プロセス

　マイクロリアクタだけでは物質やエネルギーを生産することはできない。一般の化学プロセスでは前処理、反応、分離、精製、廃棄物処理などの要素を直列あるいは並列に結合させてプロセスにくみ上げなければならない。ここではマイクロリアクタを組み込んだマイクロ化学プロセスについて考える。

　化学プラントは、大型化するほど生産に要するコストは低減すると考えられる。したがって、マイクロリアクタを組み込んだマイクロ化学プラントは大型化とは逆方向に向かうので、生産コストの面から判断すると成り立たないことになる。しかしながら、化学プラントのサイズについての判断を行う際に、最近では環境適応性などを視野に入れて論じる必要がある。マイクロ化学プラントの開発を進めるためのポイントとして、安全性、現場生産性、経済性の3つが考えられる。

　目的とする化学反応が激しい発熱反応の場合、マクロの反応器ではスケールアップにより大型化すると反応器内部からの除熱が困難になり、反応器内の温度に分布ができる。あるいは局所的に発熱するホットスポットの問題が起こる。一方、マイクロリアクタは反応容量が小さく伝熱速度が大きいために、熱制御が容易である。したがって、マイクロリアクタを採用することでこれらの問題を解決することができる。また、化学反応の中でラジカル反応は制御が困難な反応のひとつである。マイクロリアクタを適用することで、ラジカル反応によって発生する熱の問題が解決でき、さらにマイクロリアクタは比表面積が大きいことから、壁面によるラジカル停止反応が促進されるので、不必要なラジカル連鎖反応を効果的に抑制することができる。集積したリアクタシステムについては、個々のリアクタに熱センサー、流体制御デバイスなどを設けて管理すれば、異常のあるリアクタの運転だけを一時停止することで、システムの危険を回避することが可能になる。

　大規模化学プラントの事故は時によって周辺環境に深刻な影響を与える。大規模化学プラントで生産している毒性、爆発性などの危険性が高い化学原

料については、保管や輸送時における事故防止の点から大量生産を回避することが望まれる。有害な化学原料を使用して化成品の製品を生産している比較的小規模の合成工場において、マイクロ化を積極的に推進して、有害な化学原料を製品生産に必要な量だけを生産するオンデマンド・オンサイト合成にシフトすることが望ましい。マイクロ化学プラントでは万一事故があったとしても、化学物質の環境への放出量をごく少量に抑えることができる。

医薬品やファインケミカルの生産には小型の回分反応器を用いた受注生産を行うことが多い。回分反応器は反応に対する融通性が高いので、少量多品種生産に適しているが、生産性は必ずしもよくない。図1-10に示すように、製品の発注量に比べて必要以上に大きな反応器を用いて生産を行うことも多く、過剰に生産したものは在庫となる。管型反応器では生産量は生産時間に比例するので、生産量の変動に対して自由に対処ができる。今後は機能性化学産業といえどもコスト競争が激化することが考えられるので、回分反応器から管型反応器であるマイクロリアクタへのシフトが有望であろう。マイクロリアクタに切り替えれば、生産時間の短縮が可能であり、生産量の変動への対応も容易であり、在庫が減少できるなど利点が多い。

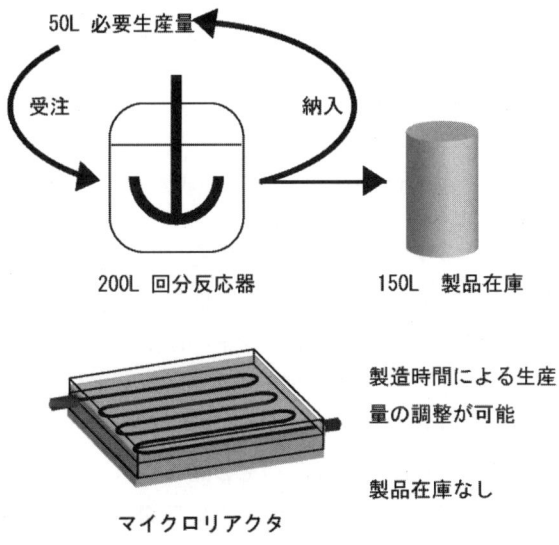

図1-10　マイクロリアクタによる製品管理

マイクロリアクタを用いて化学反応を精密に制御することができれば、目的生成物の収率を上げることができ、副生成物の少ない環境調和型プロセスとなる。図 1-11 に示すように、副生成物濃度を低くすることができれば、分離プロセスを簡略化することができる。こうして反応と分離の両プロセスを総合した省エネルギー化、省コスト化が達成できる可能性がある。分離にかかるエネルギー、コストが高いほどマイクロ化に適している。このような方向で化学合成を見直すことによって目的生成物の収率が 100%のマイクロリアクタが実現できれば、廃棄物のないゼロエミッションリアクタが実現することになる。

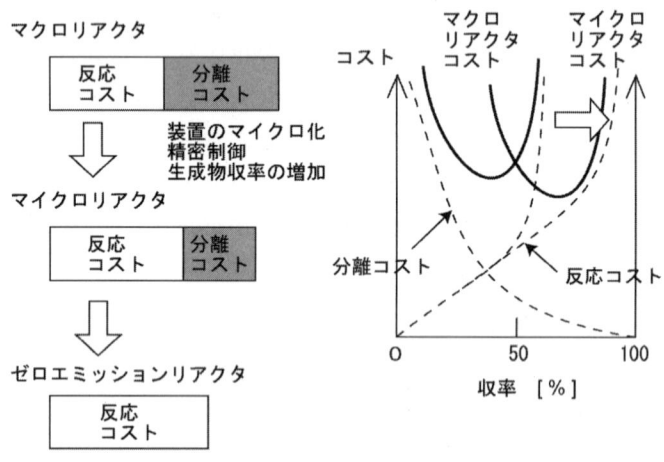

図 1-11　ゼロエミッションリアクタへの道

　従来のスケールアップによるプラント開発においては、およそ 5～6 年の研究開発期間が必要であるとされる。その間、ベンチ、パイロット、実機の建設が行われるので、パイロットプラントの段階で開発を中止すると経済的な損失が大きい。マイクロリアクタは、試験装置と実機のリアクタは同一の構造なので、集積化技術とシステム制御系を組み込むだけで実機が完成する。したがって、研究開発期間は短縮し、その間のコストを削減することも可能である。現状ではマイクロリアクタは加工に手間がかかるので、その製造コストは高いが、マイクロリアクタシステムの規格を統一し、マイクロ化学プ

ラントが普及することで大量生産が可能になれば、リアクタの製造コストは下がる。

多品種生産の傾向が強い化学産業においては、大規模な化学プラントにおける集中型生産と、マイクロ化学プラントによる分散型生産を効果的に組み合わせることで、グリーンケミストリーを実現できると思われる。

参考文献

[1] 北森、庄子、馬場、藤田編、「マイクロ化学チップの技術と応用」、丸善、2004
[2] P. Watts, S.J. Haswell, *Chem. Eng. Technol.*, 28, 290 (2005)
[3] B.P. Mason *et al.*, *Chem. Rev.*, 107, 2300 (2007)

第 2 章

マイクロリアクタを作る

　マイクロリアクタで使われる流路の幅は 1mm 以下であることは既に述べた。では一般に使われている最小の流路サイズはどれほどであろうか。これまでに研究で使われてきたマイクロリアクタをざっと眺めてみると、流路幅を 1μm 以下にまで小さくした事例というのは極めて希である。これはあまり小さくしすぎると加工が困難となるだけでなく、閉塞が起きやすくなるためである。また、そこまで小さくしなくても高速混合や高速熱移動の効果を十分に得ることができる。マイクロリアクタの加工では 1μm～1mm の大きさの流路の構造を自由に作製できる技術が必要である。

　電子工学やいわゆる MEMS（Micro Elecro Mechanical Systems）の分野では数マイクロメートルあるいはそれ以下の大きさでの加工を可能とする技術が多く開発されている。したがって、幅が数マイクロメートル以上であるような流路であれば、現在の最先端の加工技術を持ってすれば必ず作製することができる。

　本章では、代表的なマイクロリアクタの作製方法を紹介する。マイクロリアクタの作製には必ずしも最先端の加工技術は必要ではない。場合によっては材料を組み合わせるだけで簡単にマイクロリアクタを作製することができる。

2.1 マイクロリアクタの分類

　マイクロリアクタにはたくさんの種類がある。通常の化学装置の形状はタンク型か、あるいはチューブ型のいずれか一方である場合が多い。一方のマイクロリアクタは流路をいかに配置するかによって極めて多くの種類、構造が生じる。

　ある種のマイクロリアクタの作製は、特殊な加工技術を必要としない。それはキャピラリ管を接続して作製されたマイクロリアクタであり、いわばMicrotube reactor と呼ぶことができるであろう。市販のキャピラリ管の中には内径が 100μm 程度のものが多く存在し、簡単に手に入る。これをそのまま反応管として用いれば一種のマイクロリアクタが完成する。このようなリアクタは、単一の流体、あるいは既に混合済みの原料を加熱したり、一定温度に保持したりする目的では十分な機能を発揮することがある。例えば、Nakamura らの微粒子合成の研究では、キャピラリを油浴に浸すことで滞留時間と温度を一定に制御した反応場を形成させている[1]。

　しかし、マイクロリアクタの特徴としてしばしば取り上げられる高速混合は、このようなタイプでは実現しにくい。混合用の流路を作製するには T 字型の継ぎ手を使って 2 種の流体を合流させる必要があるが、通常継ぎ手の部分にはおおむねデッドボリュームが存在する。デッドボリュームがあると、その部分に滞留する流体が存在するため、短時間ですべての流体を混合させることはできない。デッドボリュームが小さい特殊な継ぎ手も市販されているが、自由に流路を構成させるためにはやはり微細加工技術を利用して流路を作製するほうが便利である。

　キャピラリ管で作製したマイクロリアクタを Microtube reactor と呼ぶのであれば、微細加工技術を利用して作ったマイクロリアクタは、Microfabricated reactor と呼ぶことが適当であろう。現在研究で使用されているマイクロリアクタのほとんどは Microfabricated reactor に属するもので、設計者の創意工夫を反映して様々な形状、大きさのものが使われている。図 2-1 に、微細加工技術を利用したマイクロリアクタ作製手順の概略を

第 2 章 マイクロリアクタを作る

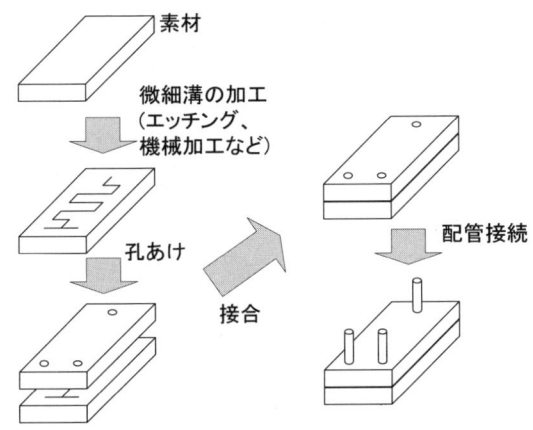

図 2-1 マイクロリアクタ作製の手順の概略

示す。まずは素材となる材料に微細加工技術を利用して微細な溝を作製する。そして、孔を設けた素材を接合して流路にふたをして配管を接続する。微細加工や接合の方法には幾通りもの種類が存在する。実際の作製を行うには目的に合った作製法を選択するとよい。

2.2 材 料

現存するマイクロリアクタは多種多様な材料で作製されている。集積回路

表 2-1 代表的材料の物性

	密度 [kg·m^{-3}]	引っ張り強度 [MPa]
アルミニウム	2.7～2.8(R)	46.6
ステンレス SUS304	8.0(R)	>519
ソーダ石灰ガラス	2.47～2.49	
石英ガラス	2.2	
PMMA（注型シート）	1.17～1.20	55～76
ポリカーボネート	1.2	63～66
PTFE	2.14～2.2	14～34

日本化学会編、化学便覧、基礎編改訂 5 版、丸善（2004）より。ただし、(R)と記したものは、国立天文台編、理科年表 平成 19 年、丸善（2006）より。

作製技術を適用しやすいシリコンをはじめ、シリコン以外の金属やガラス、ポリマーなどを材料としたマイクロリアクタが存在する。表 2-1 にマイクロリアクタの材料として代表的な物質の密度と強度をまとめる。通常の化学装置と同様に材料の選定は重要であり、目的の反応を実施する温度範囲で十分な強度を示し、かつ使用する薬品に侵されないように配慮する必要がある。

2.2.1 金属材料

金属材料は一般に有機溶媒に侵されることはなく、高温にも耐えうる。ただし、酸やアルカリに弱いものがあるので万能に使えるというわけではない。マイクロリアクタの素材として使われる金属としてはシリコンとステンレスが代表的であるが、マイクロ化学技術で有名なドイツの IMM 社[2]のマイクロミキサでは流路の一部にニッケルや銀が使われている。

(1) シリコン

シリコンは暗い灰色をした金属であり、金属の中では密度が小さいという特徴を持つ。また、赤外線を透過するという特徴を持つ。一方、図 2-2 に示すシリコンウエハは極めてもろく、衝撃によって容易に破損する。半導体分野での技術の進歩により、単結晶のシリコンウエハが製造できるようになっている。単結晶シリコンはいわゆるダイヤモンド構造をとっている。融点が高いために 1000℃近い高温で使用することが可能であるが、水酸化カリウ

図 2-2　シリコンウエハ

ムなどのアルカリと接触すると水素ガスを生じながら溶解する。

シリコンは集積回路を作製する材料であり、これを加工する技術は多数開発されている。現在の最先端の加工技術では、ナノオーダーでの加工が可能な材料である。

(2) ステンレス

ステンレスは身近にある鉄鋼材料のひとつであるが、その種類は極めて多い。一般に身の回りにあるのは JIS（日本工業規格）で SUS304 あるいは SUS316 と呼ばれるオーステナイト系ステンレスである。SUS304 は、ニッケルとクロムをそれぞれ 8～15%、18～20%程度含むものであり、SUS316 は、ニッケル（10～14%）とクロム（16～18%）のほかモリブデンを 2～3%含んでいる。これらの不純物によって腐食に対する耐性が著しく高い。

ステンレスは金属の中では熱伝導度は小さい。硝酸や酢酸、水酸化ナトリウムなどに対して耐性を示す一方で塩酸や硫酸に対する耐性は十分ではない。使用できる温度は種類によって異なるが、500℃以下ではおおむね問題なく使用できる。これ以上の温度になると粒界腐食と呼ばれる現象が進行し、ステンレスとしての耐食性が低下することがある。ステンレスの加工技術を有する企業は極めて多いため、安価でありシリコンなどよりも入手しやすく使いやすい材料の代表例である。

2.2.2 セラミックス材料

セラミックスは広義には非金属の無機固体材料とされており、いわゆる陶磁器以外にもガラスやダイヤモンドなどまでが含まれる。マイクロリアクタで使用されているセラミックス材料としては各種のガラス、それにアルミナが代表的である。金属に比べてセラミックス材料は壊れやすく熱伝導度が小さいが、軽く、薬品への耐性に優れている。以下材料ごとの特徴を解説する。

(1) ソーダ石灰ガラス

これは最も一般的なガラスであり、窓ガラスや飲料のビンとして使用されている。板ガラスとして用いられるガラスは SiO_2 を約 70%、Na_2O を約 15%含むほか少量の CaO、MgO なども含んでいる。薬品にはおおむね安

定であるが、フッ酸などには弱い。また、急加熱や急冷却を行うと歪みが生じて割れるので、注意が必要である。

(2) 石英ガラス

石英ガラスは SiO_2 のみでできているガラスである。薬品耐性の点からはソーダ石灰ガラスとほぼ同じであるが、軟化点が 1600℃以上であるため高温での使用が可能であるほか、急加熱・急冷却しても破損しない。また、紫外線をよく通すという性質もある。島津製作所が販売しているマイクロチップ電気泳動装置では、石英ガラス上に作製されたマイクロ流路を持つマイクロチップが利用されている。

(3) ホウ珪酸ガラス

B_2O_3 を 12%程度含むガラスである。商品名ではパイレックスなどと呼ばれるものであり、急加熱・急冷却に強いので食器や化学実験で使用するビーカーやピペットなどに使われている。780℃程度で軟化するのでガラス細工に適している。後述する陽極接合に使用できる材料である。

(4) アルミナ

Al_2O_3 で表される物質であるが、焼成温度によっていくつかの異なる構造のアルミナが存在する。水酸化アルミニウムからゾルゲル法によって合成されるアルミナは γ 型と呼ばれるものであるが、これを 1200℃程度の高温で処理すると構造が変化し α 型が得られる。α 型は 1000℃近い環境でも安定に使用できるため、高温の気相反応などに向いている。化学的にも安定であり、軽い。アルミナ製リアクタを利用した代表的な研究としては、Knitterら[3]の報告が挙げられる。

(5) SiC（シリコンカーバイド）

融点が 2700℃以上と高く、1000℃付近での反応に使うことができる。また、酸には全く侵されないという薬品耐性を持つほか、かたさがダイヤモンドに近く耐摩耗性にも優れた材料である。また、熱伝導率が非常に大きいという特徴を持っている。膨張率が小さいので急加熱・急冷却にも耐えうる。

2.2.3 ポリマー材料

ポリマーは一般に安価で加工しやすいので、ディスポーザブルな用途に適

しているが、使用できる温度範囲が限られており、通常 100℃以下である。常温で進行するバイオ系の反応装置の材料としては十分使えるが、高温の反応には適さない。セラミックス材料と比較するとより軽く、しかも衝撃に強い。図 2-3 に代表的なポリマー材料の構造を示す。

(1) アクリル樹脂

アクリル樹脂はメタクリル酸メチルを重合させたもので、PMMA（polymethylmethacrylate）とも呼ばれる。安価で透明性が高いので、身の回りにも広く使われている材料である。一部の酸やアルカリには耐性を持つが、有機溶剤には極めて弱い。メタノールのようなアルコールにも耐えることができない。100℃近くまで加熱すると軟化したり、変形したりするので、使用範囲は常温付近に限られる。

(2) ポリカーボネート

ポリカーボネートは、ポリ炭酸エステルとも呼ばれ、炭酸エステルを主鎖中に含むポリマーを指す。これにはいくつかの種類があるが、ポリカーボネートは通常はビスフェノール A（2,2-bis(4-hydroxyphenyl)propane）の重合体を指すことが多い。アクリル樹脂と同様に透明性が高い材料であり、かつガラス転移温度が 150℃と比較的高いのでアクリル樹脂よりは使用できる温度範囲が広い。また、耐薬品性の点でもアクリル樹脂より優れている。

(3) フッ素樹脂

フッ素を含むオレフィンの重合で得られるポリマーはフッ素樹脂と呼ばれる。その中でもテトラフルオロエチレンの重合体であるポリテトラフルオロエチレン（polytetrafluoroethylene、PTFE）はテフロンの商品名でよく知られている。融点が 327℃と高いため高温での使用も可能である。フッ素樹脂はポリマーでありながら多くの有機溶媒にも耐えうる材料である。これは溶剤による接着が難しいことをも意味している。また、白色の固体であり光を透過しない。

(4) PDMS（polydimethylsiloxane）

PDMS はシリコン系の透明度が高い材料であり、細胞などへの適合性が高いためバイオ関係の研究者での利用が多いようである。また、後述するように微細構造を形成するのに適した材料であり、PDMS 同士を張り合わせ

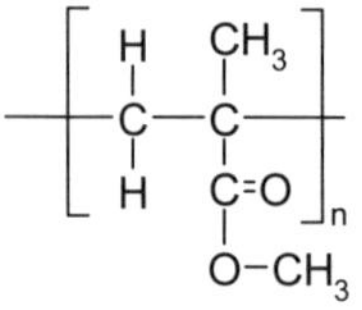

PMMA 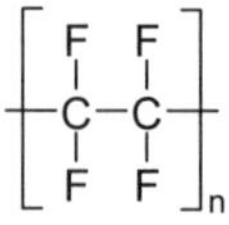   PTFE 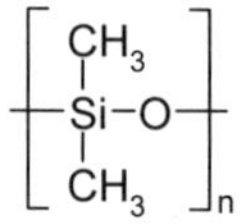   PDMS

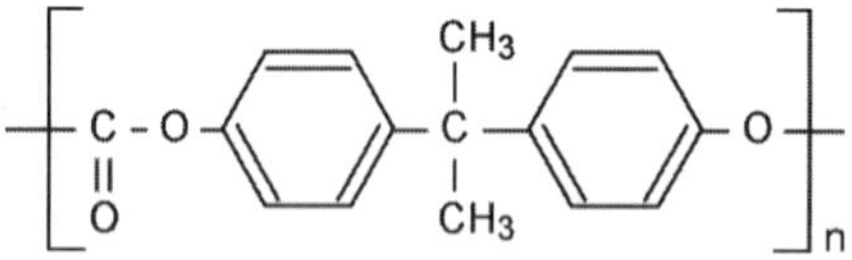

ポリカーボネート

図 2-3　ポリマーの構造

ただけで容易にチャネル構造を作製できるなどの特長がある。

2.3　フォトリソグラフィーおよびエッチング

2.1 節で述べた Microtube reactor はチューブが接続された形状をしているが、Microfabricated reactor は微細加工を施した平板を利用しているものが多い。平らな材料の表面に微細加工を施す手法としてリソグラフィーを活用するアイディアは広く知られており、多くのマイクロリアクタもこの方法を利用して作製されている。

2.3.1　フォトリソグラフィー

リソグラフィーとは、加工を施される材料（基板と呼ばれる）の上にパターンを転写することであり、フォトリソグラフィーとは光を利用した転写技術である。その概略を図 2-4 に示す。フォトリソグラフィーを行うにはフォトレジストと光源、フォトマスクなどが必要である。基板の表面に塗布したフォトレジスト（一種の感光材）の膜の上にマイクロチャネルのパターンを描画したフォトマスクを重ねて、上部から光を照射後現像すると、光の照射

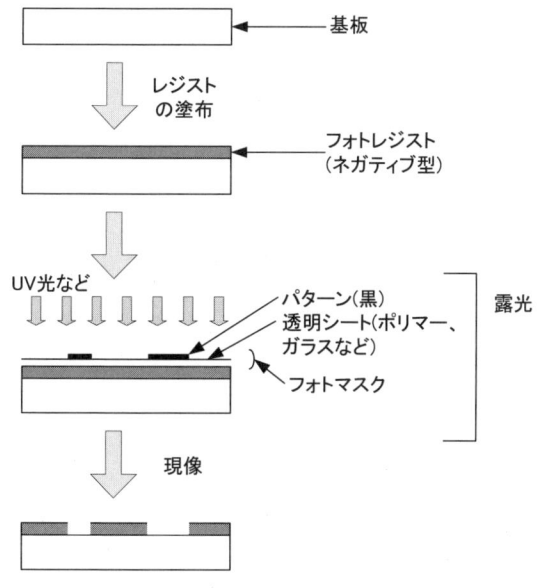

図 2-4　フォトリソグラフィー

パターンに応じたフォトレジストを残すことができる。このようなパターンが形成できれば後述するエッチングなどの手法によって微細な形状を形成させることができる。

　フォトレジストにはネガティブ型とポジティブ型がある。ネガティブ型は光が当たった部分のみが硬化するため、光の当たらなかった部分を現像液で取り除くことができる。一方、ポジティブ型は逆に光の当たった部分のみを取り除くことができる。マイクロリアクタを作製するにはどちらを用いても差し支えない。

　フォトマスクとはガラスなどの透明な材料の表面に作製しようとするパターンに従って遮光剤が印刷されているものである。クロムを被覆した膜は代表的な遮光材であり、電子ビームでパターンを描画するなどして作製される。精度が数百マイクロメートルオーダーのものであれば市販のOHPシートとレーザプリンタを利用しても作製することができる。また、電子工作で使われるプリント基板をフォトリソグラフィーで作製するためのマスク作製

用シートが市販されているので、これを利用することもできる。

　フォトレジストの上にマスクを置き、その上から光を照射する工程は露光と呼ばれるが、ここでは高圧水銀灯を光源とする紫外線が通常用いられる。より微細な流路を正確に作製するためには波長が短いレーザや電子線を用いることもある。また、マスクを用いずに電子線ビームでフォトレジスト上にパターンを直接描画していくという露光方法もある。

2.3.2　エッチング

　エッチングは化学的処理を行って素材の一部を除去する作業である。フォトリソグラフィーで転写したパターンを保護膜として使用してエッチングを施すと、パターンどおりに凹凸を形成させることができる。

　エッチングには大きくウェットエッチングとドライエッチングの二とおりがある。ウェットエッチングは腐食性の液体を利用して行うエッチング手法である。シリコンのエッチングでは水酸化カリウム水溶液やエチレンジアミン・ピロカテコール水溶液などがエッチング液として用いられる。またガラスにはフッ酸、ステンレスの場合には塩化第二鉄水溶液などが用いられる。

　ドライエッチングは気相中のイオンやラジカルを利用したエッチング手法であり、ウェットエッチングに比べて大がかりな装置が必要となるがより微細な加工が可能である。ドライエッチングにはいくつかの手法があるがその中でも反応性イオンエッチング（Reactive Ion Etching、RIE）が最もよく用いられている。この方法では、減圧した容器中に基板とガスを入れて高周波電圧を与えてプラズマを発生させる。このときプラズマ中の陽イオンが材料に衝突することによる物理的な浸食と、プラズマ中のラジカルによる浸食の両方が進行する。シリコンの場合ではガスとして CF_4 などが用いられ、プラズマ中に発生したフッ素ラジカル F^* がシリコンと反応して、四フッ化シラン（SiF_4）となって除かれる。

　エッチングが進行する様子は、等方性と異方性に分類される。等方性エッチングとは、図 2-5 に示すように露出している面がすべて同じ速度でエッチングされていく場合を指す。ガラスをフッ酸で、ステンレスを塩化第二鉄でのウェットエッチング、また RIE のラジカルによるドライエッチングでは

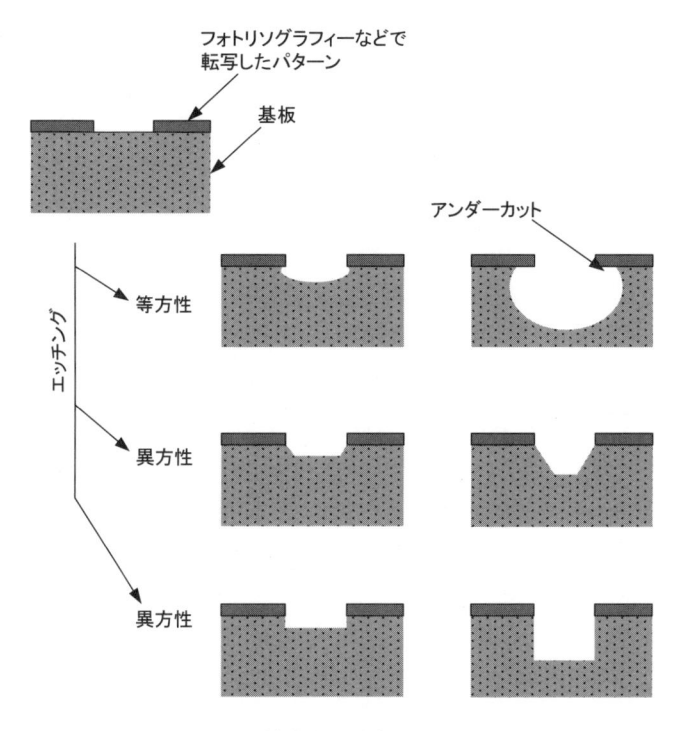

図 2-5 等方性と異方性

等方性を示す。等方性エッチングでは、保護層の下を回り込むようにエッチングが進行する。これはアンダーカットと呼ばれる現象である。また、最終的な断面形状も丸みを帯びた形となる。

　一方の異方性エッチングは特定の方向にのみ深く進行するエッチングである。有名なのは単結晶シリコンをアルカリでウェットエッチングした場合に見られるものである。異方性が現れる原因は、シリコンの結晶面によってエッチング速度が大きく異なる点にある。例えば、シリコンの（100）面に保護膜を形成して水酸化カリウム水溶液でエッチングすると、腐食速度の遅い（111）面が残る。（111）面は（100）面に対して約 55 度の角度を持つ面であるから、腐食後の形状は台形になる。このような異方性は結晶異方性とも呼ばれる。これに対して、RIE においてイオンが基板に衝突することによって進行するエッチングは深さ方向にまっすぐ進行する。これはイオンが

衝突する方向がエッチングの方向を決めているのであって、結晶異方性とは異なるものである。

　RIE では等方性と異方性の両方が同時に進行するので、結局は等方性に近い形のエッチングが進行する。しかし、Deep RIE という手法が開発され、深さ方向にまっすぐにエッチングを進行させることが可能となっている。誘導結合方式（Inductive Coupled Plasma）のプラズマを利用するので、ICP-RIE と呼ばれたり、開発した企業の名前をとってボッシュ法とも呼ばれる。この方法では、まず、SF_6 ガスのプラズマによる通常の RIE を行う。しばらく掘り進めた後に C_4F_6 によるプラズマを照射する。すると基板の表面全体に保護膜が形成された状態が得られる。この状態で再度 SF_6 のエッチングを行うと、アンダーカットを抑制しながら深さ方向に掘り進めることができる。このように ICP-RIE では、SF_6 プラズマと C_4F_6 プラズマを交互に切り替えながらエッチングを進行させることで、垂直方向のみのエッチングを進行させる。

2.3.3 フォトリソグラフィーとエッチングの実際

　半導体の微細加工に比べてマイクロチャネルでは深い溝を形成することが要求されている。そのため、マイクロチャネルの加工ではいくつかの工夫がなされている。

(1) シリコン加工の例

　シリコンのエッチングで採用されている加工手順の例を、図 2-6 に示す。シリコンのウェットエッチングでは水酸化カリウム水溶液などが用いられると述べたが、実はフォトレジストはアルカリに弱い。したがって、フォトレジストのパターンをそのままエッチングの保護層として使うことは適さない。シリコンのエッチングでは、まず表面に SiO_2 の膜を形成させる。そして、フォトレジストのパターンを利用して SiO_2 の膜をエッチングする。こうして形成される SiO_2 のパターンを保護膜としてシリコンのエッチングが行われる。

(2) PDMS の微細加工

　PDMS は独特の方法で微細構造が形成される（図 2-7）。まず、適当な材

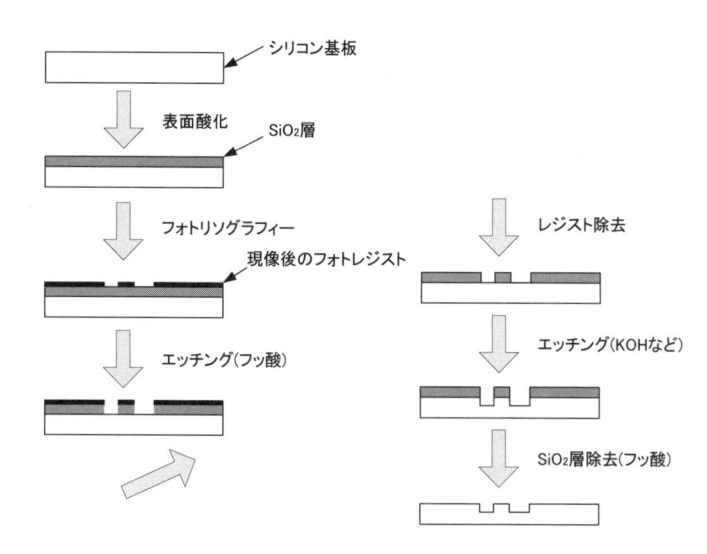

図 2-6　シリコンの加工手順

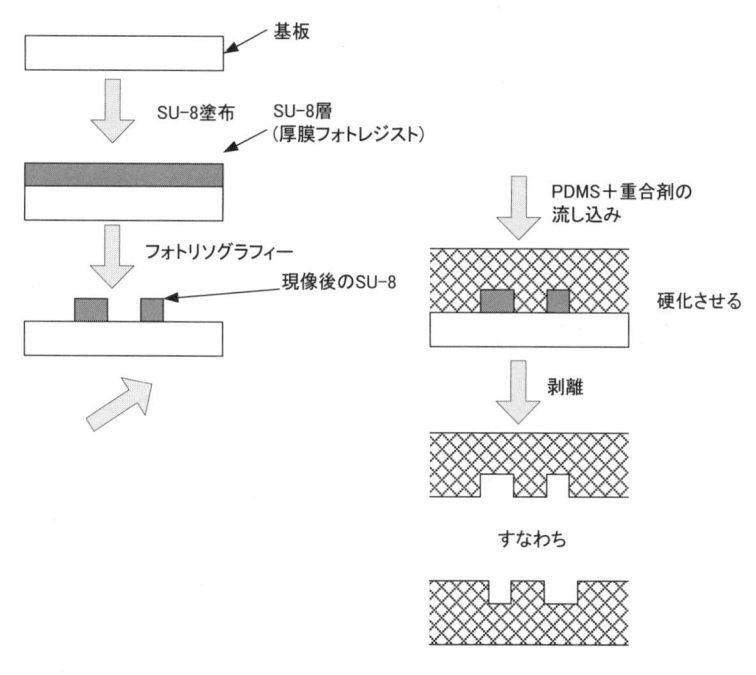

図 2-7　PDMS の加工

料の表面に SU-8 と呼ばれるフォトレジストを塗布する。SU-8 とは、MicroChem 社が開発したネガティブフォトレジストであり、粘度が高く数百 µm の膜厚で塗布できる。SU-8 に対してフォトリソグラフィーを施すと数百 µm の深さを持った微細構造が得られる。ここに液体状の PDMS と重合開始剤を流し込み、加熱して硬化させると、SU-8 の構造を鋳型として写し取った微細構造を得ることができる。硬化後の PDMS は比較的柔軟であるので、SU-8 からの剥離は容易に行える。

(3) FOTURAN

FOTURAN とはドイツの mikroglas 社が販売している感光性のガラスである[4]。すなわち FOTURAN 自身が感光性を持つため、フォトレジストを用いることなく、FOTURAN の上に直接マスクを置いてフォトリソグラフィーを行える。露光後の FOTURAN を熱処理したのち、フッ酸でエッチングすると光の当たった部分のみが浸食される。光がまっすぐ照射されていれば深さ方向のみの異方性エッチングによる加工が行える。

(4) LIGA プロセス

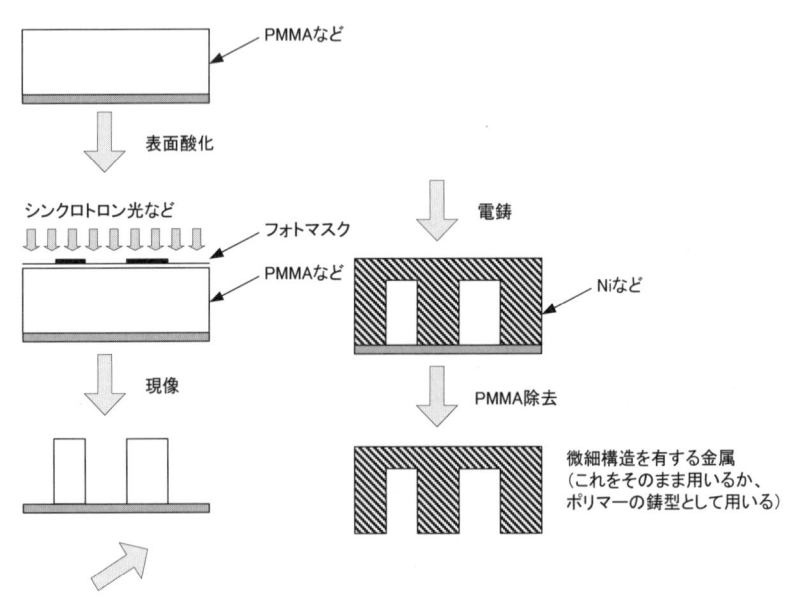

図 2-8 LIGA の概略

LIGAとはリソグラフィーと電解メッキ、それに鋳型成形を意味するドイツ語（Lithographie Galvanoformung Abformung）の略語であり、その工程の概略を図2-8に示す。LIGAは光源としてシンクロトロン光を用いるので、手軽に行える手法ではない。しかし、IMM社の有名なインターディジタル型マイクロミキサなどがこの手法で作製されている。リソグラフィーではシンクロトロンから放射される極めて波長の短い光を使って、PMMA（アクリル樹脂）の板の表面に直接微細構造を形成させる。シンクロトロン光の波長が短いことから微細な加工も可能である。この表面に電解メッキにより金属を析出させると、PMMA上の構造を鋳型とした微細構造を持つ金属が得られる。

2.4 機械加工

工作機械を用いた機械加工によってもマイクロ流路を作製することができる。機械加工では、エッチングやフォトリソグラフィーなどの手法に比べると、薬品がほとんど不要になる場合があるという利点がある。

2.4.1 切削加工

切削加工法は、細いエンドミルを使って基板を切削し、溝を作製する方法であり、数百 μm 程度の大きさの流路であれば容易に作製することができる。図2-9に作製されたマイクロ流路の一例を示す。

切削には、NC制御のフライス盤やマシニングセンターなどが用いられる。フライス盤は材料を固定するステージと回転するドリル（切削工具あるいはツールと呼ばれる）とで構成されたもので、ステージやドリルの位置を変化させながら材料を切削加工する装置である。マシニングセンターはフライス盤に似ているがより高級な機能を備えた装置である。この制御はコンピュータで自動化されており、NC制御（数値制御）と呼ばれている。最近の工作機械はNC制御の機能を有しているものが多い。NC制御の機能を使うにはまずCAD（Computer-aided Design）ソフトウェアを利用して流路の設計図をコンピュータ上に作製する。作製したデータをCAM（Computer-

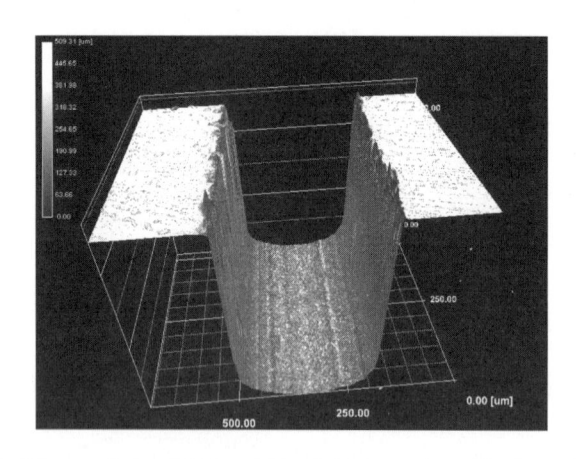

図 2-9 切削加工でガラス基板上に作製した流路の 3 次元形状（レーザ顕微鏡（KEYENCE 社製 VK-9700）で観察）

aided Manufacturing）ソフトウェアと呼ばれるソフトに読み込ませると、CAM ソフトウェアがマシニングセンターの動きを制御して、自動的に加工が行われる。

マシニングセンターは機械部品の製作に広く使われているものであって大型の機種が多いが、最近は図 2-10 のような卓上型の小型マシニングセンタ

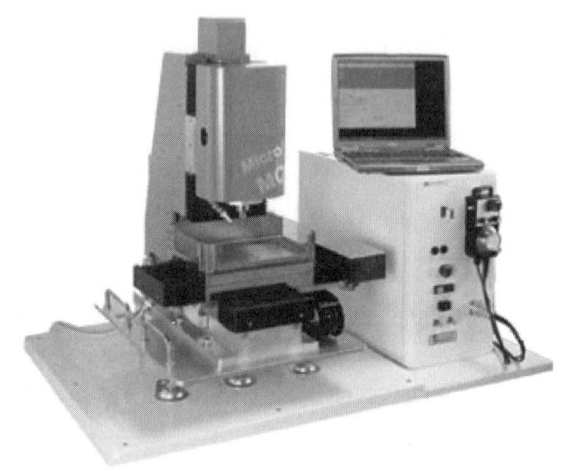

図 2-10 小型マシニングセンター[5]。© 株式会社ピーエムティー、同社の許可を得て転載。

一も販売されており、場所の制約が大きな大学の研究室などでも活用されている。

　微細流路の切削と通常の切削との違いは、細い工具を使用しなければならない点にある。直径が数百 µm 以下のような細い工具を使う場合、ドリルの先端速度を十分大きくするためには、回転数をおおむね 10000 rpm 以上にまで上げる必要がある。通常の加工に用いられるフライス盤ではこのようなケースを想定していないものもあり、回転数をあまり大きくすることができないため、マイクロ流路の加工には適さない場合がある。

　機械加工法は、金属やポリマーだけではなく、ガラスやセラミックスにも適用できる。ただし、ガラスやセラミックスの場合には、工具の回転数を一層大きくし、かつ切削速度（ドリルが進む速度）を遅くする必要があるほか工具も使い分ける必要がある（図 2-11）。作製される流路の幅は使用する切削工具の直径によって決まる。市販品としては 100 µm 以上の大きさのものが手に入りやすいが、直径 20 µm のものも販売されているようである。しかし、100 µm 以下の大きさのドリルは破損しやすいほか、切削速度をさらに遅くしなければならないので、加工の難度が増し、加工時間が長くなる。

　切削加工法は、数マイクロメートルオーダーの流路作製が困難であること

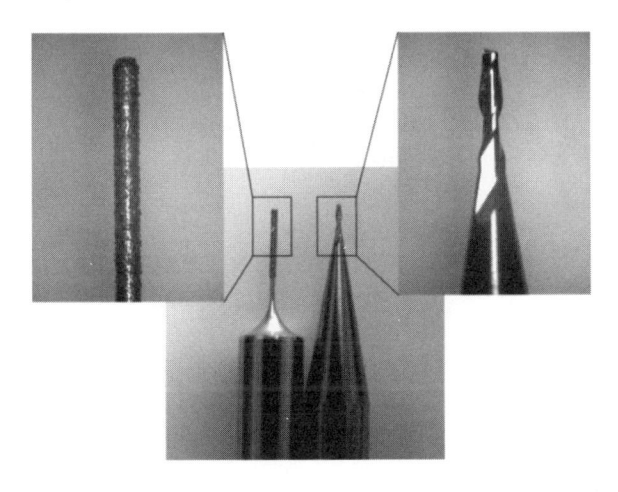

図 2-11　切削工具の一例：（左）ガラスやシリコンなどの切削加工に用いる電着ダイヤモンドバー（直径 300 µm）、（右）金属やポリマーの加工用工具（直径 300 µm）

や、加工時間が流路の長さと深さに比例するので複雑な流路の作製に長い時間を要する場合があることが欠点として挙げられる。しかし、マイクロリアクタとして利用する数百 μm の流路の作製には機械加工法は極めて有力な手法である。学会発表や論文においても機械加工法で作製されたマイクロリアクタを利用した研究報告が多く見られる。

2.4.2　ブラスト加工

エッチングや切削加工以外の流路形成法として代表的なもののひとつはブラスト加工と呼ばれるものである（図2-12）。これは流路部分に数マイクロメートルオーダーの砂あるいは研磨粒子を吹き付けて切削していく方法である。この手法では、流路部分に選択的に粒子を衝突させるため、あらかじめフォトリソグラフィーなどによって基板の表面を部分的にマスクしておく必要がある。

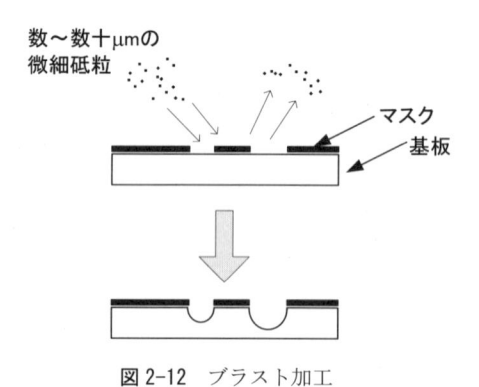

図 2-12　ブラスト加工

2.5　その他の流路形成方法

エッチング、切削加工以外にもマイクロ流路の作製方法が知られている。そのいくつかを紹介する。

2.5.1　放電加工

これは金属のような導電性の材料を加工する方法であり、EDM

(Electrical Discharge Machining）とも呼ばれる。水や油などの絶縁性を持つ流体の中に材料を設置し、そこに電極を近づけて電極と材料の間に高電圧を印加する。すると、両者の間にアーク放電が生じ、スポット的に金属の温度が上昇する。アーク放電とは電流密度が極めて大きな放電のことである。この方法では、切削加工よりも加工速度が遅いという欠点があるものの、かたい材料であっても導体であれば加工が可能であり、またマイクロメートルオーダーの精度を得ることができる。

放電加工にはワイヤ放電加工と呼ばれるものもある。これはタングステンなどのワイヤを電極にして行う放電加工である。電極となるワイヤが通過した部分が放電によって除去されるので、いわば電極が糸鋸のように使われる加工方法である。上述の方法とは異なり、ワイヤ放電加工は空気中で行われる。

2.5.2　レーザ加工

これは材料に向かってレーザを照射し、発生する熱で材料を溶解、除去する方法である。シリコンやガラス、ステンレスなどの金属のほか、アクリルなどのポリマー材料でも加工が可能である。レーザ光を細く絞り込めば数マイクロメートルの精度での加工が可能となる。

2.5.3　成形加工

微細構造を有する鋳型を作っておき、これに軟化した材料を流し込んだり、あるいは押しつけたりして微細構造を作製する方法である。鋳型はあらかじめ別の微細加工技術で作製しておく必要があるが、同じ構造を持つマイクロリアクタを多数複製したいときなどには有力な方法であるといえる。成形加工に分類される手法としては、射出成形とホットエンボス（Hot embossing）という手法が有名である。射出成形は、材料を溶融して流動化させ、それを金属の鋳型の中に流し込むという手法であり、ポリマーに対して適用することができる。ホットエンボスとは、材料が軟化する程度、すなわちガラス転移点以上の温度に加熱しておき、そこに金属を押しつけて成形するという方法である。

2.6 接合方法

前節までは平らな基板の表面に微細な溝を作製する手法を紹介した。マイクロリアクタとして使用するにはこの溝にふたをする作業が必要である。接合と呼ばれるこの工程では、一般的には作製した溝の上に別の板を載せて、漏れが生じないように密封する。接合の方法にも多様な種類があるが、その代表的なものを以下に紹介する。

2.6.1 押しつけ

これは単に平板を押しつけるだけの手法であり、接合と呼ぶのは適切でないかもしれない。基板にねじ用の孔を多く作製して締め付けるなどするだけであるので、極めて単純な方法であり、金属やポリマー材料のような弾性のある材料を中心に多くの材料に適用が可能である。高温で使用される金属製のマイクロリアクタなどはこの方法で作製されたものがある。しかし、流体の漏れをなくするには表面を十分平滑にしておく必要があるほか、ゴミなどが混入しないように注意する必要もある。また、ガラスやセラミックスなどのかたい材料やシリコンのようなもろい材料には適さない。

2.6.2 融　着

材料を融点あるいは軟化点付近まで熱して接合させる手法である。ポリマー同士やガラス同士の接合に用いられている。アクリルの場合であれば 120～130℃付近、ソーダ石灰ガラスであれば 660～670℃付近で保持することで接合できる。融着では接合面に空気が取り込まれ、多くの気泡（ボイドと呼ばれることがある）として残る場合がある。これは見た目が悪いだけでなく、場合によっては接合が不良で漏れを引き起こす場合がある。そのような

図 2-13　融着

場合には、反応に用いるマイクロ流路以外に、空気抜きのための流路を設けることで気泡の混入を抑えることができる。

2.6.3　陽極接合

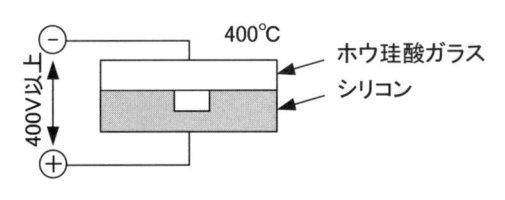

これはシリコンにホウ珪酸ガラスを接合する手法である。シリコンとホウ珪酸ガラスを重ねて400℃程度で加熱し、さらにシリコンを陽極として400V以上の電圧を印加すると、ガラス中のイオンが移動して接合が起きる。接着剤などが全く不要であり、融点付近まで加熱する必要もない接合手法であり、しかも基板表面に多少の凹凸が存在していても接合することができ、結合も強力である。原理的にはガラスであれば陽極接合が可能であるが、400℃まで加熱した状態で接合させるので、冷却時に歪みが生じて破損する場合がある。ホウ珪酸ガラスはシリコンと膨張係数が似ているので、温度変化による歪みでの破損のおそれが小さいことから陽極接合に適している。

図2-14　陽極接合

2.6.4　拡散接合

拡散接合は金属同士を接合させる方法である。真空あるいは不活性ガスの雰囲気下で、金属同士を加圧して密着させておき、温度を上げると接合される。これは金属同士の接触面で金属原子がわずかに拡散するために起きる接合である。ステンレスの拡散接合で作製されたマイクロリアクタは多い。また、ステンレスのほかにもアルミやチタンの接合にも利用できるし、異種金属の接合も可能である。

2.6.5　レーザ溶接

　レーザ溶接器を利用した接合も可能である。これはステンレスなどの板を重ねておき、その境目部分にレーザを照射して部分的に溶接する。これをステンレスの重ね目一周について行うと接合することができる。金属などに利用できる接合方法であるが、レーザ照射によって材料が高温となるので、材料が変形する可能性がある。変形すると 2 枚の板の間に隙間が生じて意図したマイクロ流路以外にも流体が流れるおそれがある。これは反応に関与せず長時間滞在する原料を発生させたり、あるいはマイクロ流路以外の部分を流れて出口に到達するような流れ（ショートカット）を生じてしまうおそれがある。

2.6.6　半田付け

　半田とは基本的に鉛とスズを主に含む合金である。融点は組成によって異なるがおおむね 200℃程度であり、容易に溶けることから電子回路の作製に広く使われている。最近では環境に有害な鉛を含まない半田が開発され、広く使われるようになってきている。マイクロリアクタの接合においても半田付けが利用された事例もある。

2.6.7　直接接合

　シリコン同士の接合に使われる手法である。シリコンの表面にはシラノール基（－Si－OH）が存在しているが、シリコン同士を重ね合わせて加熱していくと両基板からのシラノール基が脱水して結合し、－Si－O－Si 結合を

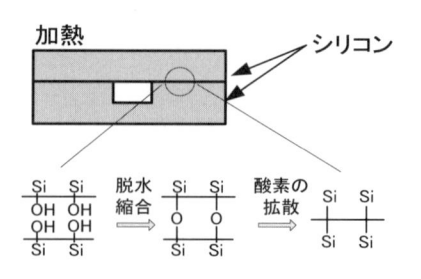

図 2-15　直接接合

形成する。さらに1000℃付近まで加熱していくとやがて酸素も除かれシリコン原子同士の共有結合が生じて強固に接合される。

2.6.8 PDMS の接合

PDMS は特殊な技術で接合される。PDMS はメチル基を持つためその表面は通常は疎水性であるが、これに酸素プラズマを当てるとメチル基が酸化されシラノール基（$-Si-OH$）が生じて親水性となる。この表面は、同じく酸素プラズマ処理されたガラスやシリコン、ポリエチレンなどに対して親和性が高く、重ね合わせるだけで強固に接合することができる。

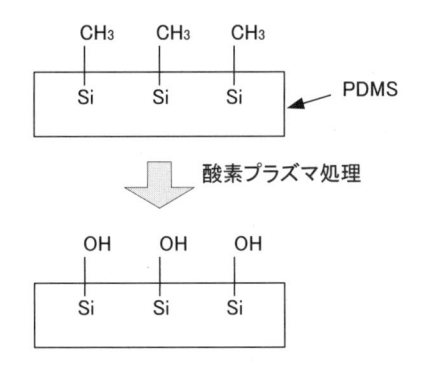

図 2-16　PDMS の表面処理

2.7　チューブの取り付け

これまで説明してきた各種手法を利用するとマイクロ流路を作製することができる。しかし、これだけではマイクロリアクタとして使えない。マイクロリアクタとして利用するためには、流体の出入り口となる孔を形成させる技術と、チューブを取り付けるための技術が必要である。

2.7.1　孔あけ

ポリマーや金属材料に対して孔を形成させる際には通常のボール盤を利用することができる。しかし、シリコンやガラスは極めてもろい材料である。

ガラスについてはボール盤で孔をあけることができるが、ドリルを非常にゆっくりと動かす必要がある。もしも、マシニングセンターが利用できるのであれば、貫通孔が形成されるようにプログラムして、ドリルの送り速度を遅く設定するとよい。シリコンのようなもろい材料に関しては、ボール盤で孔をあけるのは極めて難しい。シリコンとガラスを陽極接合で接合してマイクロリアクタを作製する場合にはガラスに孔をあけるほうがよい。どうしてもシリコンに貫通孔をあけたい場合には、Deep RIEやエッチングを利用して孔を形成する技術が開発されている。

2.7.2 チューブの接続

マイクロリアクタへチューブを接続する方法はいくつか存在する。最も単純なのは、マイクロリアクタ上に形成させた孔にチューブを差し込み、接着剤で固定するという方法である。ここでの接着剤としてはエポキシ系の接着剤などを使うことができる。しかし、エポキシ系の接着剤は溶媒や熱に極めて弱く、使用範囲は限られている。

一方で、フランジ型などの形状に加工したチューブをガスケットの上から押しつけることでチューブを接続することもできる。これは多くのチューブを押しつけるための治具を作製する必要があるが、接着剤を利用する場合よりも強く固定することが可能である。

最も信頼性の高い方法は、継ぎ手を設けておく方法である。継ぎ手を備えた金属リアクタは高温での使用や、内圧の上昇にも耐えることができる。一例としてIMM社の金属製マイクロミキサにはいわゆるタケノコと呼ばれる継ぎ手が接続されている。また、ISO配管などに適合した継ぎ手を有するマイクロリアクタも作製されている。これらの継ぎ手はマイクロ流路に比べると大型となるため、マイクロリアクタに直接接続されることは少ない。むしろ、マイクロリアクタを固定するためのハウジングを設け、そこに継ぎ手を設けるケースが多いようである。

マイクロリアクタの作製法の基本を述べた。ここではマイクロ流路の作製法を中心に解説してきたが、このほかにもマイクロリアクタ内部に電極や触

媒層を作製するための、スパッタリングやメッキの応用技術が開発されている。

　この章の冒頭でも述べたが、マイクロリアクタの設計は自由度が高く、最終的な形状は千差万別である。このことは創意工夫によって様々なマイクロリアクタを作製できることも意味している。微細加工を全く施していないガラス板を組み立てるだけで、深溝型と呼ばれるマイクロリアクタを開発した研究がある[6]。また、IMM 社の StarLaminator と呼ばれるミキサはマイクロミキサでありながら、ごくありふれた加工技術で作製した金属板を重ね合わせた構造をしている。今後のマイクロリアクタ開発においても、既存の微細加工技術にとらわれないユニークな作製方法が登場するであろう。

参考文献

[1] H. Nakamura, Y. Yamaguchi, M. Miyazaki, M. Uehara, H. Maeda, P. Mulvaney, "Continuous preparation of CdSe nanocrystals by a microreactor," *Chem. Lett.*, 31(10), pp.1072-1073 (2002)
[2] IMM 社ホームページ : http://www.imm-mainz.de/
[3] R. Knitter, M.A. Liauw, "Ceramic microreactors for heterogeneously catalysed gas-phase reactions," *Lab Chip*, 4(4), pp.378-383 (2004)
[4] mikroglas 社ホームページ : http://www.mikroglas.com/foturane.htm
[5] ピーエムティー社ホームページ : http://www.pm-t.com/
[6] K.-I. Sotowa, K. Takagi, S. Sugiyama, "Fluid flow behavior and the rate of an enzyme reaction in deep microchannel reactor under high-throughput condition," *Chem. Eng. J.*, 135(S1), pp.S30-S36 (2008)

第 3 章

マイクロ流路と流れ

　マイクロリアクタは流体を流通させた状態で使用する場合がほとんどである。これは用途が物質生産であっても分析であってもあてはまる。大型装置では流体を流通させない操作として、いわゆるバッチ型の反応操作がある。これは料理を作るときのように、原料を反応装置に入れ、決められた温度と時間をかけて反応させて生成した製品を取り出すというものである。マイクロリアクタはこのようなバッチ操作に用いられることはなく、流体を連続的に流通させた状態で反応や分離を行わせる。したがって、流体の流れはほとんどすべてのマイクロリアクタに関係している。当然ながら、流れの状態はマイクロリアクタの性能を大きく左右するため、流れの状態を把握することや、流れを所望の状態に制御する技術は重要である。

　流れという言葉が指すのは、流路の内部における速度分布だけではない。「流れはどうなっているのか」という問いは、「速度分布がどうなっているのか」「どれぐらいの圧力が加わっているのか」「渦ができているのか」などのほか、「反応原料AとBはうまく混ざっているのか」という濃度分布の状態を尋ねていることもある。これらの工学的問題に応える学問分野として流体力学、移動現象論が発達してきた。それに近年では数値計算力学も広く使われるようになってきた。これらはいわゆるマクロな装置における流動の解析を主要な目的として発達してきたものであるが、マイクロ流路における現象の解析にも広く利用されている。本章では、これらの理論の観点から眺めたマイクロリアクタ内部の流動について説明する。さらに、マイクロ空間で発

現する特殊な流れの現象について解説する。

3.1 連続流体

　いわゆる従来の流体力学、それに移動現象論のようなマクロな装置を念頭において発達してきた理論がマイクロリアクタの流動解析に適用できるのかという質問を受けることがある。結論からいうとこれらは数マイクロメートルオーダーの微細な流路でも適用可能である。

　流体は多数の分子で構成されている。これらの分子は空間内を飛び回っている。その飛び回る様子は気体と液体では異なっている。気体の場合には分子が激しく動き回っており、互いに衝突を繰り返している。一方、液体の場合には分子が互いに分子間力による強い相互作用によって引き合いながら運動している。流れの正体は、分子がその平均的な位置を変化させることである。しかし、我々の目には、分子が個別に動き回っているようには見えず、いわゆる液体あるいは気体という流体として認識されている。このような流体は連続流体と呼ばれる。

　ところが、分子同士があまり衝突しないような場合には、分子が飛び回る様子を考えなければ解析できない。このような場合の流れは分子流と呼ばれ、我々が通常目にしている流体とは異なる挙動を示す。連続流体として流体を扱うことができるかどうかを判断するひとつの指標としてクヌーセン数 Kn という無次元数がある。

$$Kn = \frac{\lambda}{D} \tag{3.1}$$

ここで、λ [m]は分子の平均自由行程、D [m]は流路の代表寸法である。分子の平均自由行程とは分子が他の分子にぶつかることなく進む平均的な距離を表しており、気体分子運動論によれば次の式で求めることができる。

$$\lambda = \frac{1}{\sqrt{2}\pi d^2 (N/V)} \tag{3.2}$$

ここで、N/V は単位体積当たりの分子の数、d は分子の大きさである。窒素について λ を実際に計算してみると 300K で 0.058μm、600K で 0.11μm と

なる（$d=0.4\,\mathrm{nm}$ とした場合）。クヌーセン数が大きければ分子同士が衝突するよりも、分子が壁にぶつかる可能性が高く、分子流の様相を示す。クヌーセン数がおおむね 0.01 以下であれば、連続流体として扱ってよいといわれている。マイクロ流路の代表径が $10\,\mathrm{\mu m}$ としてみると、常温の窒素のクヌーセン数は少なくとも 0.001 以下であることがわかる。マイクロ流路の流体も連続流体として扱うことが十分可能である。

マイクロ流路の中の流れを連続流体として扱えることの意義は大きい。特に流路内の流体の挙動を調べるために、通常の流体力学や、数値流体力学（CFD、Computational Fluid Dynamics）による解析が可能であることは重要である。マイクロ流路の内部の速度分布や圧力分布を実測することは困難であることが多い。速度を計測する数少ない手法のひとつが PIV（Particle Image Velocimetry）と呼ばれるものである。これは流路の中にマーカーとなる粒子を流し、その動きを撮影した画像を解析して速度の分布を求める手法である。現在では、マイクロ流路専用の PIV 装置も市販されているが、コストが高いために誰でも簡単に使えるというわけではない。シミュレーションではこのような実験的な手法に代わって流れの情報を得ることができる。

3.2　層流、乱流、レイノルズ数

連続流体の流動状態は大きく層流と乱流に分けることができる。パイプの中を水が流れている場合を想像していただきたい。流量が小さいときには、流体が「静かに」流れており、速度分布は時間的に変化しない。このような流れの状態を層流と呼ぶ。層流状態にある流れの中にインクをゆっくり注入すると一本の筋になって流れる。また、糸くずのような微細なゴミが混ざると、向きや形をそれほど変えることなく平行移動するように流れる。しかし、流量を大きくしていくと、そのうち速度分布が振動するようになる。これを乱流という。乱流状態にある場合、流れにインクを垂らすと筋にはならず、すぐに流路全体に広がってしまう。また、糸くずが混入すると向きや形を変え、もみくちゃにされながら流れていく。層流と乱流では、流れの状態だけ

でなく熱の伝わり方、拡散の様子が全く異なるため、流れがどちらの状態にあるかは重大な問題である。流れがいずれの状態になっているかを判別するにはレイノルズ数 Re を計算してみればよい。

$$\mathrm{Re} = \frac{Du\rho}{\mu} \tag{3.3}$$

ここで、D、u、ρ、μ は、それぞれ流路の代表寸法、流体の速度、密度、粘度である。レイノルズ数は物理的には、粘性力に対する慣性力の大きさを表している。レイノルズ数が小さければ粘性の影響が大きく、速度の振動が生じたとしてもそれが流体の粘性によって抑制されていき、結局は層流となってしまう。流速が大きくなっていくと、レイノルズ数が大きくなり、粘性に比べて流体の慣性力、いわゆる「勢い」が増大する。こうなると速度の振動が起きたときにそれを粘性力で抑え込むことができなくなり、乱流状態となる。円管の場合、レイノルズ数がおよそ 2100 程度よりも大きくなると、層流状態が保たれにくくなる。なお、このレイノルズ数は臨界レイノルズ数と呼ばれている。レイノルズ数が数千〜10000 程度を越えると、流れは完全な乱流となる。臨界レイノルズ数以上で、乱流状態に達していないレイノルズ数の範囲は遷移域と呼ばれる。

マイクロ流路の断面は円でなく、矩形である場合も多い。このようなときには、代表寸法の代わりに相当直径 D_{eq} を代入して、レイノルズ数を計算するとよいことが知られている。

$$D_{eq} = 4\frac{断面積}{濡れ辺長さ} \tag{3.4}$$

マイクロ流路に水を流したときのレイノルズ数がどの程度となるのか計算してみる。常温、常圧において水の密度は $1000\,\mathrm{kg\cdot m^{-3}}$、粘度は $0.001\,\mathrm{Pa\cdot s}$ であるので、$\rho/\mu = 10^6\,\mathrm{m^2\cdot s^{-1}}$ である（μ/ρ はしばしば動粘度と呼ばれる）。したがって、代表寸法 D が 1mm で流速 u が $1\,\mathrm{mm\cdot s^{-1}}$ のときに、ちょうどレイノルズ数は 1 となる。これを覚えておき、レイノルズ数が流速と代表寸法の積に比例することを利用すると、流体が常温の水である場合のレイノルズ数を簡単に求めることができる。例えば、直径 0.2mm の流路に水を平均速

度 $10\,\mathrm{mm\cdot s^{-1}}$ で流した場合のレイノルズ数は、$0.2\times 10=2$ で求めることができる。

マイクロ流路では、代表寸法はたかだか $1\,\mathrm{mm}$ であり、流速は早くても $10\,\mathrm{cm\cdot s^{-1}}\sim 1\,\mathrm{m\cdot s^{-1}}$ 程度である。このことからわかるように、マイクロ流路においてはレイノルズ数が 1000 を超えることはほとんどなく、マイクロ流路中の流れは層流となる。

3.3 流れの数値シミュレーション

流体の基本的な挙動は質量保存の式と、ナビエストークスの式で表される。前者はその名前が示すとおり、流体の質量が一定であるという保存則を数学的に表したものである。一方のナビエストークスの式は、いわゆる運動方程式である。すなわち、流体が圧力を受けて加速したり、粘性の効果によって減速したりする様子を数学的に表したものである。これら2つの式を連立させて解くことで速度や圧力の分布を求めることができる。しかし、質量保存の式もナビエストークスの式も複雑な偏微分方程式であり、特殊な場合を除いては手計算で解くことはできない。これらを解くには、コンピュータを用いた数値計算を利用するのが便利である。

マイクロ流路の流れが層流となることの利点のひとつは、前述したように数値計算によって流れの様子を比較的正確に調べられる点にある。乱流は速度分布が時間的に変化しているため、計算によっても速度の平均や振動の大きさなどの統計的な値しか求められない場合が多い。さらには、乱流はいくつかの種類に分けられることが知られており、場合によって計算方法を使い分ける必要がある。層流ではこのような心配をすることなく、計算によって流れの様子を詳しく調べることができる。

流体の数値シミュレーションは一昔前まではプログラミングが堪能な一部の専門家のみが活用できる技術であった。しかし、現在では充実した機能を持った多種のソフトウェアが市販されており、これらを活用すれば、プログラミングの知識がなくてもたいていの流れを数値シミュレーションによって調べることができる。FLUENT、CFX、FEMLAB などはその代表例であり、

マイクロリアクタの流体解析にも広く用いられている。これらのソフトウェアは、単に流路に水や空気が流れているというような場合だけでなく、微細なノズルから液滴が生成する様子や、多相流の様子を計算することもできる。また、発熱反応を行ったときのように、マイクロリアクタに生じる温度分布のシミュレーションも可能である。

シミュレーションソフトは使い方さえ覚えれば計算を行うことができるが、有効に活用するには流体力学の知識が不可欠である。シミュレーションを短時間で効率よく進めるには、計算条件を適切に設定したり、妥当性が失われない範囲で簡略化を行ったりする必要がある。また、計算結果が得られたら、それが妥当であることを確認したり、結果を解釈する必要がある。これらはいずれも流体力学の基礎を理解していなければできないことである。

流体の基本的な挙動は質量保存の式とナビエストークスの式で表されると述べたが、これら以外の式を利用する必要が生じる場合もある。伝熱を考慮しなければならない場合にはエネルギーの保存式と呼ばれる式を考慮する。拡散を考える場合や、多相流を考える場合には、成分や相ごとの保存式をさらに考慮に入れる必要がある。

3.4 圧力損失

マイクロ流路に流体を流す場合、圧力損失を把握することは極めて重要である。圧力損失とは流路の出口と入口の圧力の差のことであり、流路の中の流れを引き起こす推進力である。逆にいえば、流路に流体を流通させるために、出口に対して入口の圧力をどれほど高くしなければならないかを表している。マイクロリアクタへ流体を供給するポンプを選ぶ際には、流量だけでなく噴出圧力（ヘッドとも呼ばれる）も十分な能力を持つものを選定する必要がある。しばしば、「このマイクロリアクタの処理量は 1t/y である」などといわれるが、これだけでは工学的にはあまり意味をなさない。入口の圧力を大きくすれば、マイクロリアクタが壊れない限り、いくらでも流量を大きくすることができる。入口の圧力を大きくしなければならない場合には、ポンプの動力が大きくなるほか、配管を圧力に耐えるように設計しなければな

らない。マイクロリアクタの流量を述べる際には、それを実現した際の圧力損失も併せて表示するべきである。

流れが単純な場合には圧力損失を理論的に求めることができる。例えば、断面が円のまっすぐな流路を単一の流体が層流で流れている場合の圧力損失は次の式で表すことができる。

$$\Delta P = \frac{32\mu u L}{D^2} \tag{3.5}$$

ここで、μ は粘度、D は直径である。(3.5)式は特に有名でハーゲン・ポアズイユの式と呼ばれ、ナビエストークスの式から数学的に導出することができる。図3-1には例として、長さ1mの流路を、水（粘度0.001Pa·s）が流速1cm·s^{-1}で流れている場合についての圧力損失と流路幅の関係を示す。幅が100μmになるとほぼ30kPaの圧力損失が生じる。

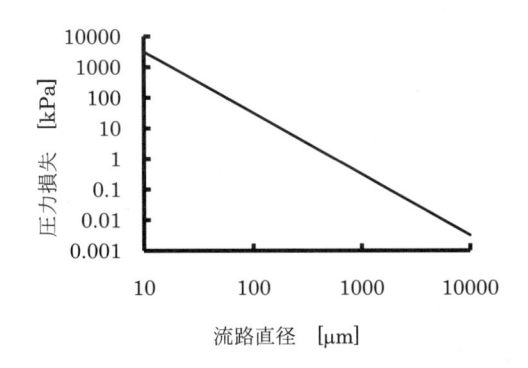

図 3-1　円管の流路直径と圧力損失（流体：水、流速 1 cm·s^{-1}、長さ 1 m）

(3.5)式は電気工学におけるオームの法則によく似ており、ΔPが電圧、uが電流（より適切な言葉でいうと電流密度）、$32\mu L/D^2$が抵抗に相当する。流路のナンバリングアップを行った場合には、多数の管路で構成される流路ネットワークに均等に流体が流れるように設計しなければならない。このような場合における各管路の流量を計算する際に、管路ネットワークを電気回路の抵抗ネットワークに置き換えて計算する方法もある[1]。

実際に実験や生産を行う際には、マイクロ流路についての圧力損失だけを

考えればよいというわけではない。リアクタ前後には、原料や反応後の流体を輸送するための配管がある。当然細い配管を用いれば、そこでの圧力損失も無視できないほど大きくなる。微細な流路の特徴を利用して反応や分離を行わせるのはリアクタであるので、配管までも細くする必要はない。マイクロリアクタの開発段階では、処理量が小さいのでこのことはそれほど問題にはならないが、大量生産を行うプロセスに用いる場合には、マイクロリアクタの外部では細い配管はなるべく使用しないほうがよい。これは圧力損失を小さくするためだけではなく、閉塞のリスクを低減するためにも有効である。

なお、マイクロ流路は内圧の上昇には強い。内圧が上昇すると流路には様々な力が加わるが、代表径が小さくなるとその力は小さくなっていく。詳細は材料力学のテキストを参照していただきたい。このような特徴を活用すると、高圧での反応や単位操作にマイクロリアクタを有効に利用できる。また、高圧の超臨界流体を扱う技術の開発も進められている[2]。

3.5 電気浸透流

前節までは流れが圧力差によって引き起こされることを前提として説明した。圧力以外の送液方法として電気浸透流が知られている。これは圧力差ではなく電位勾配によって引き起こされるもので、その流れの様相は圧力による流れとは異なっている。

電気浸透流の原理を図 3.2 に示す。一般に固体壁はわずかに帯電している。このため固体壁に液体が接触すると、この壁表面の電荷を打ち消すように、液体が分極する。このようにして固体表面付近の液体内部に生じる電荷分布は電気二重層と呼ばれる。ここで、流路の軸方向に電位勾配が存在すると、電気二重層にクーロン力が働き、流れが生じる。これが電気浸透流である。流体が流れる方向は壁表面電荷の正負と電位勾配の方向によって決まる。壁がシリカ、ガラスなどのときは正の表面電荷を持つが、ポリマーの場合には表面電荷は負となる。前者と後者では、電気浸透流の流れの向きは反対になる。

電気浸透流は圧力による流れとは異なる特徴がある。まず第一にポンプな

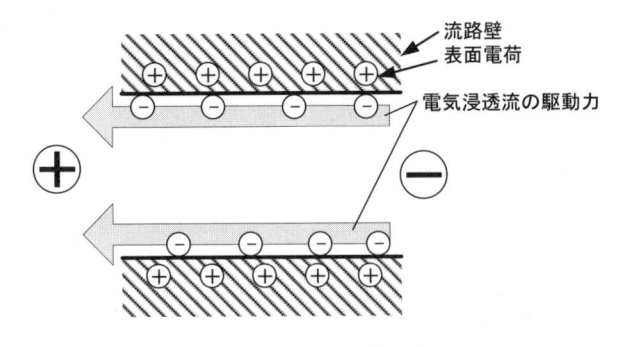

図 3-2 電気浸透流の概略図

どの要素を必要とせず、電極を設ければよいだけなので、システム全体の小型化を図ることができる。また、電気浸透流が反応の収率を向上できる可能性を示した研究もある。この詳細は第6章に示す。一方で、流量をあまり大きくできない、ジュール熱によるわずかな発熱が生じるなどの問題もある。

3.6 速度分布

　流路の中を流体が流れるとき、断面に生じる速度分布は重要である。これは、見かけの拡散速度や滞留時間分布に重大な影響を及ぼすためである。断面に速度分布が生じる理由は、壁の流体抵抗があるためである。解析を行う際には、壁表面での流速は0であると考える場合が多い。これをノンスリップ条件という。

　図3-3に代表的速度分布をいくつか示す。断面が円形の流路については、その速度分布が中心からの距離に対して放物線状となることがよく知られている。また、流速は壁面上で零、中心軸で最大となり、その速度は平均流速のちょうど2倍となる。断面が正方形、長方形の場合についても速度は中心で最大、壁面で零となるように滑らかな分布となる。なお、前節で述べた電気浸透流の場合には比較的フラットな流速分布が生じる。

　では、2種類の流体が流れている場合はどのようになるのであろうか。これは流体の物性や流量条件によって流動状態が多様に変化する。図3-4に示

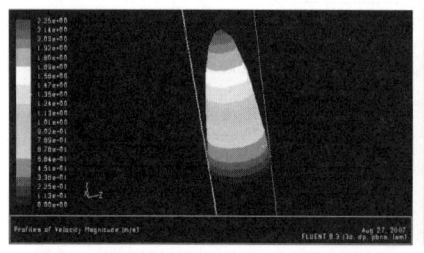

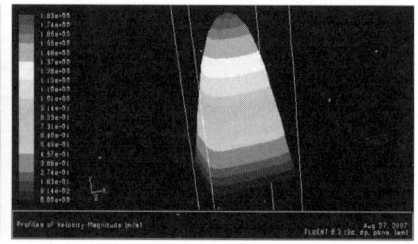

(a) 断面が円形の場合（直径 1 mm）　(b) 断面が正方形（1 mm×1 mm）の場合

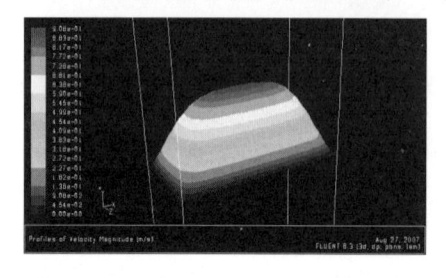

(c) 断面が長方形（1 mm×2 mm）の場合

図 3-3　異なる断面形状を持つ流路における速度分布。計算流体力学ソフトウェア FLUENT によるシミュレーション結果（流体：水、流量 1 cm$^3\cdot$s^{-1}）

す Y 字型の流路に 2 種類の流体を接触させた場合について説明する。図 3-5 は入口の一方から水を、もう一方から色素を溶かして赤く色を付けた水を流したときの流路の写真である。いずれの写真も無着色の水の流量は 0.1 mL·min^{-1} で一定である。前述したようにマイクロ流路内部の流れは層流となるので、2 種類の液体は別々の筋になって流れるが、流量比を変化させることで、色水の境界が左右に変化していく様子がわかる。このときの流動状態を数値シミュレーションした結果を図 3-6 に示す。図 3-6 と図 3-5 を比較すると、境界の位置がうまく求められていることがわかる。速度分布について検討してみると、図 3-3 のような放物線上の速度分布が得られている。このとき、流量が小さいほうの流体は、壁近傍に押しつけられており、比較的速度の遅い領域に存在している。

次に、同様の実験において、透明な流体として水の代わりにアセトンを流した場合の流れを図 3-7 に示す。この実験では流量比が 1：1 であるにもか

第3章 マイクロ流路と流れ　53

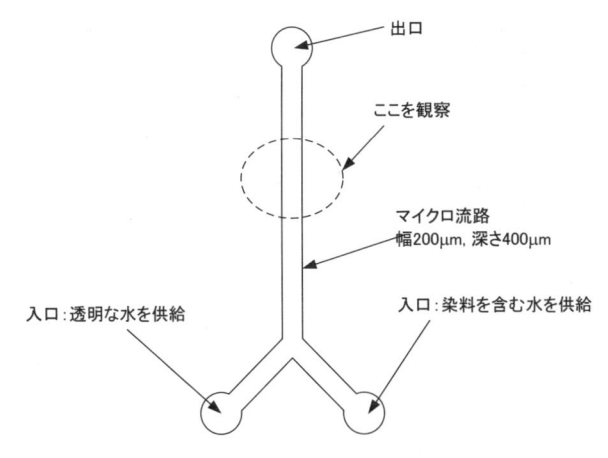

図 3-4　流動実験の模式図

（図中ラベル：出口／ここを観察／マイクロ流路 幅200μm, 深さ400μm／入口：透明な水を供給／入口：染料を含む水を供給）

流路幅(200μm)

水(透明)：0.1 ml・min^{-1}
水(赤色)：0.05 ml・min^{-1}

水(透明)：0.1 ml・min^{-1}
水(赤色)：0.1 ml・min^{-1}

水(透明)：0.1 ml・min^{-1}
水(赤色)：0.5 ml・min^{-1}

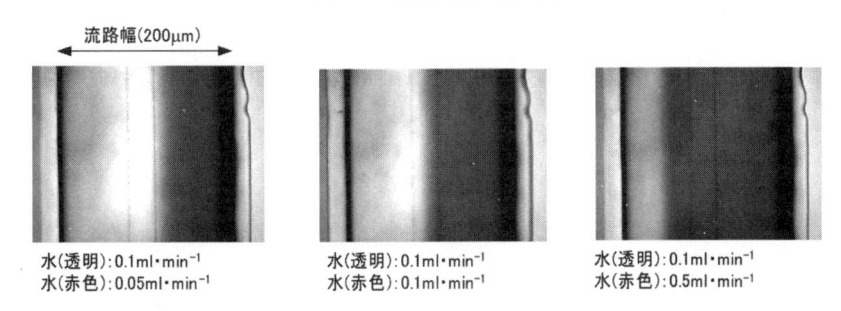

図 3-5　2種の流体を接触させた場合の界面の様子。流量と界面位置（染色した水を利用した流動実験結果）

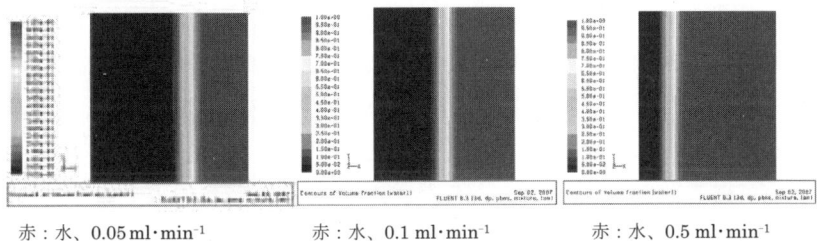

赤：水、0.05 ml・min^{-1}
青：水、0.1 ml・min^{-1}

赤：水、0.1 ml・min^{-1}
青：水、0.1 ml・min^{-1}

赤：水、0.5 ml・min^{-1}
青：水、0.1 ml・min^{-1}

図 3-6　流れの数値シミュレーションで求めた流体の分布。流体はいずれも水であるが、その入口によって色分けしている。（実際はカラー。右側の薄いほうが赤、左側の濃いほうが青）

(a) 可視化結果　　(b) シミュレーション結果

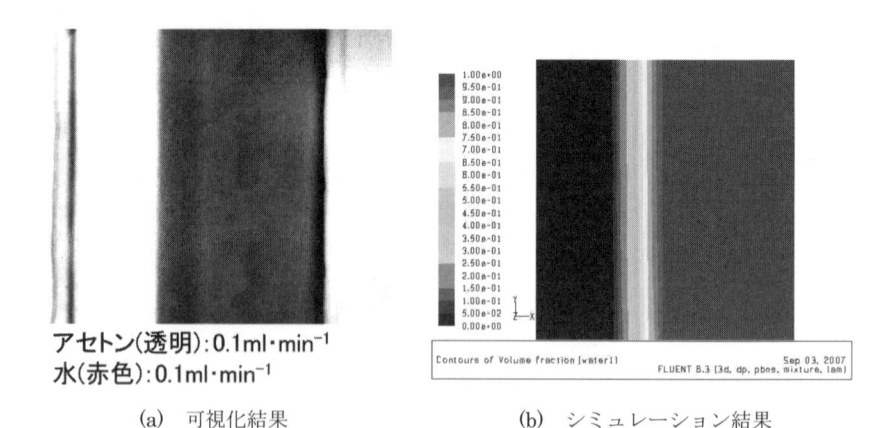

図 3-7　アセトンと水を等流量で流した場合の相分布（流路幅 500 μm）

かわらず、境界が中央に現れない。これは粘度の違いが引き起こすものである。2種の流体を流すと、それらは流路中で並んで流れようとする。しかし、粘度がより高い流体の流速はより遅くなり、流路断面の多くを占めるようになる[3]。この例からもわかるように、マイクロリアクタで2種類の流体を接触させた場合、その相分布は流体の物性や、流動条件によって、大きく変化する。設計段階において2種の流体がちょうど均等に左右に分かれて流れる場合を仮定することは多いと考えられるが、それが実際に実現されるには、いくつかの条件がそろわなければならない。

　流路が直線状で滑らかな場合の基本的な流れについて述べてきた。流路の形状がより複雑になると、速度分布が変化する。流路が円弧を描いて曲がっている場合には、Dean 渦と呼ばれる 2 次流れが顕著にみられる。2 次流れとは進行方向に対して垂直方向の速度成分のことである。図 3-8 に、ヘアピンカーブにおける流体中の単一微粒子の軌跡を示す。カーブにおいて、粒子の軌跡が交差していることがわかるが、これは Dean 渦が原因である。

　この Dean 渦のために興味深い現象が起きることが知られている。Yamaguchi ら[4]は、赤と緑に着色した液を屈曲したマイクロ流路に流すと、図 3-9 に示すように、流路を曲がるたびに緑の流体が現れたり消えたりする現象を取り上げ解析した。その結果、流路に生じる Dean 渦によって、流路

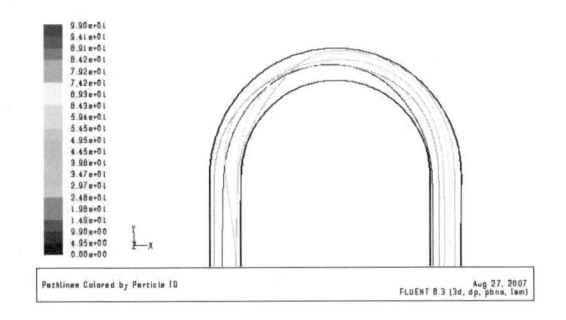

図 3-8 ヘアピン型流路における粒子の軌跡のシミュレーション結果。断面寸法 500 μm×500 μm、曲率半径 3 mm、流体：水、流量 1 cm^3・s^{-1}

内で 2 つの液が互いに位置を変えながら流れていることが明らかになった。これは共焦点顕微鏡を用いた濃度分布の観察結果でも確認されている。

Dean 渦を利用した粒子の分級法についての研究もある。円弧状の流路に粒子を含む液を流すと、粒子がサイズごとに異なった軌道を描くことが指摘されている[5]。これは Dean 渦の中に粒子がおかれることによって発生する揚力が粒子の大きさごとに異なることが原因である。

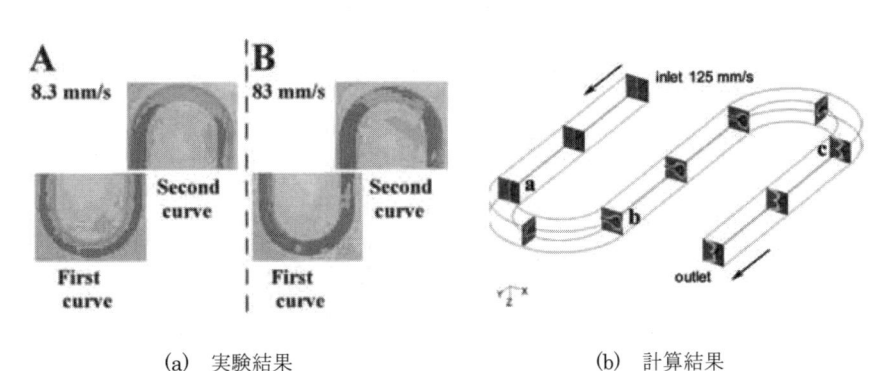

(a) 実験結果   (b) 計算結果

図 3-9 屈曲回数が多い流路における流体挙動[4]。(a) 屈曲した流路に赤と緑に着色した液を流した場合、流量が大きくなるとカーブで緑の流体が消え、次のカーブに再び現れるように見える。(b) FLUENT による解析では、Dean 渦がその原因であることが示されている。

3.7 多相流

　マイクロ流路に流通させるものは、水や空気といった単一の流体とは限らない。液体と一緒に気体を流したり、粒子を含む液体（これをスラリーあるいは懸濁液などという）を流すこともある。また、液体でも、水と油のような互いに混じり合わない流体を流す場合がある。これらは多相流と呼ばれ、単一の流体のみの流れは単相流と呼ばれる。

　単相流では壁の親水性は流速分布に影響を及ぼさない。親水性すなわち濡れやすいかどうかが大事となるのは、濡れている場所とそうでない場所が存在するとき、言い換えれば壁に相境界が接している場合である。壁の親水性が大きいと、水相と接触している部分の面積が増大するような動きが生じる。したがって、流路が一種類の流体で満たされている場合には、壁の親水性については通常考慮する必要はない。壁の親水性は、接触角という物性で表される。接触角は、図 3-10 に示すように材料表面の上に液滴が存在した場合に界面と壁面がなす角度と定義されている。前述した各種数値シミュレーションソフトウェアには、接触角を考慮した計算を行う機能もある。

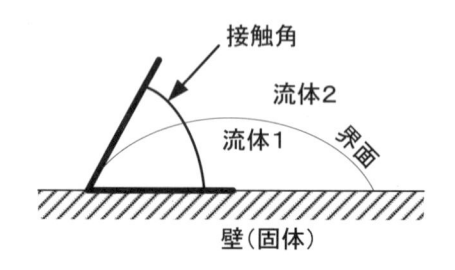

図 3-10　接触角の定義

3.7.1　液-液2相流

　マイクロ流路の中に水と油のような互いに混じり合わない流体を流した場合、流路幅や速度条件によって流動状態は多様に変化する。流量が十分に大きければ、これらは互いに混じり合わず、図 3-11 に示すように、2層に分か

れて流れる。この特徴はマイクロリアクタの研究者の間ではよく知られた事実であり、抽出への応用は有名である[6]。抽出を行うには水相と有機相を接触させ、その後相分離させる必要がある。マイクロ流路ではこの2層流を利用して水相と有機相を接触させ、その後逆Y字型の分岐流路を設けておくと、再び水相と有機相に相分離させることができる。ただ、現実には完全な相分離は難しく、水相にわずかに有機相が混入したり、またその逆の混入が起きたりする。この原因のひとつは2つの分岐後の流量が厳密に制御できない点にある。

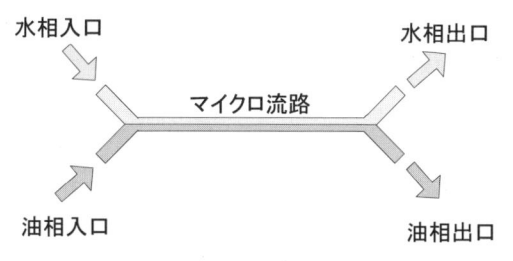

図 3-11　マイクロ流路に形成される水と油の2層流

他の重要な原因として、液-液界面の形状が挙げられる。図 3-12 に、マイクロ流路の断面上に見られる典型的な液-液界面の形状を示す。界面は流体の物性や流動条件のほか、濡れ性の影響を受けて湾曲している場合が多い。したがって、単純に分岐流路を設けるだけで完全な相分離を実現することは難

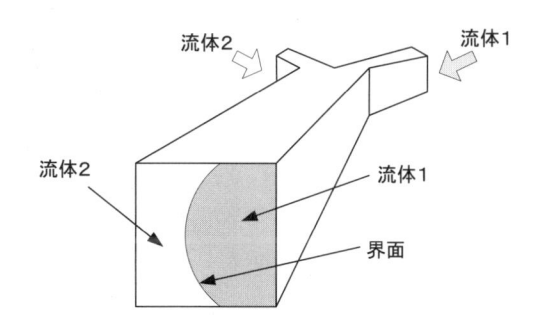

図 3-12　マイクロ流路内部に形成される界面の典型的な形状。界面は濡れ性や、流量比、物性の影響を受けて湾曲する。

しい。

　相分離の効率を改善する手法はいくつか提案されている。第一には流路の壁の一部を疎水性に加工する手法がある。また、流路内部にガイド構造を設けることで、相分離の性能を向上させる手法が報告されている[6,7]。なお、流動条件をうまく整えると液-液の向流接触が実現できることも示されている[8]。

　有機相、水相の双方を同一方向から比較的低流量で流すと、これらが交互に流れるようになる。これをスラグ流という。2層流からスラグ流へと遷移するのは界面張力の作用である。界面張力は界面積を最小化するように働く

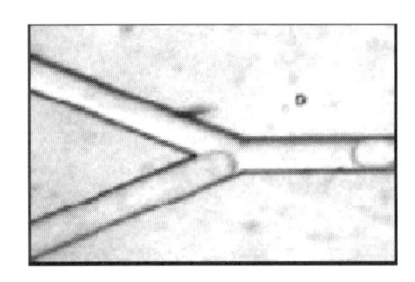

(a) Y字流路での液滴生成　　　(b) 生成した液滴

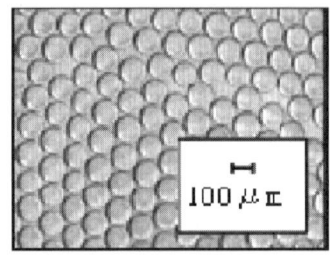

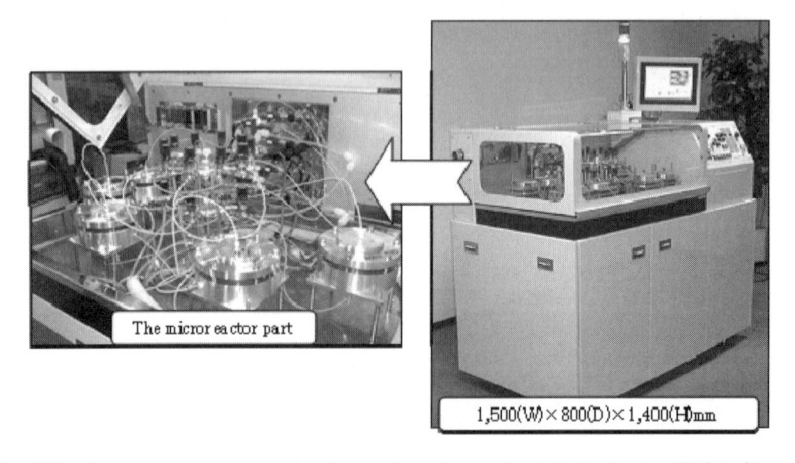

(c) 製造プラントのプロトタイプ。ナンバリングアップにより3000本の流路を有している。

図 3-13 東ソーの単分散ゲル製造装置。© 東ソー株式会社、同社の許可を得て掲載。

ため、2層流よりも界面積が小さいスラグ流のほうがより安定な状態にある。流量が大きいときには慣性力の作用で2層流が保たれるが、慣性力が小さくなると、スラグ流へと状態が遷移する。スラグ流が生じたときには、各スラグ内部で循環流が生じることが知られている。この循環流れはスラグ内部の物質移動を促進するため、抽出などに応用すると高速に物質移動が進行する[9]。

　有機相あるいは水相の一方の流量を下げていくと液滴を生じさせることができる。このようにしてマイクロ流路中で発生させた液滴は単分散に近いことが知られている。東ソーは、この性質を利用した単分散ゲルの製造装置（図3-13）を開発している[10]。

　Sugiuraらは、界面張力をうまく利用したユニークな液滴生成法を開発している。そのひとつは平板テラス型といわれるマイクロ流路を利用するもの

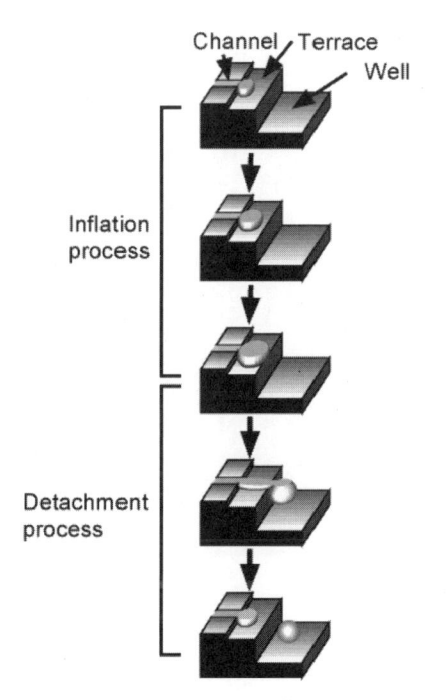

図 3-14　平板テラス型のマイクロ流路における液滴生成の様子。Reprinted with permission from[11]. Copyright (2002) American Chemical Society.

である。テラスの部分から液滴が押し出されると、界面張力の効果でテラスの外側の液体が丸くなろうとして液滴が成長を始める（図 3-14）。これは界面張力による効果であり、テラスにある流体を吸い出すようにして液滴の切断が起こり、独立した液滴が生成する[11]。また、多数の矩形の孔をあけたシリコン板を利用した液滴生成法も提案している[12]。このシリコン板の一方に連続相となる流体を流し、そこに他方から分散相となる流体を押し出すと単分散に近い微細な液滴を発生できることを示している。この方法の特徴は連続相の流速が遅くても微細な液滴を発生できること、また多数の液滴を一度に発生できるという特徴がある。液滴発生のメカニズムであるが、分散相が矩形の孔から押し出されると界面張力の効果で球状になろうとする。このときに球形部分に接続部の流体が吸い込まれるようになって、液滴がノズルから離脱する。

　液滴の発生時には、液滴内部に循環流が発生することが指摘されている。図 3-15 は、マイクロ流路中で液滴がノズルの先で成長していく途中の写真であるが、流動状態を観察するために蛍光粒子を分散相にあらかじめ混入させてある。写真の中には蛍光粒子がちょうどひとつだけ写っており、それが循環流によって円弧状の軌跡を描いている。

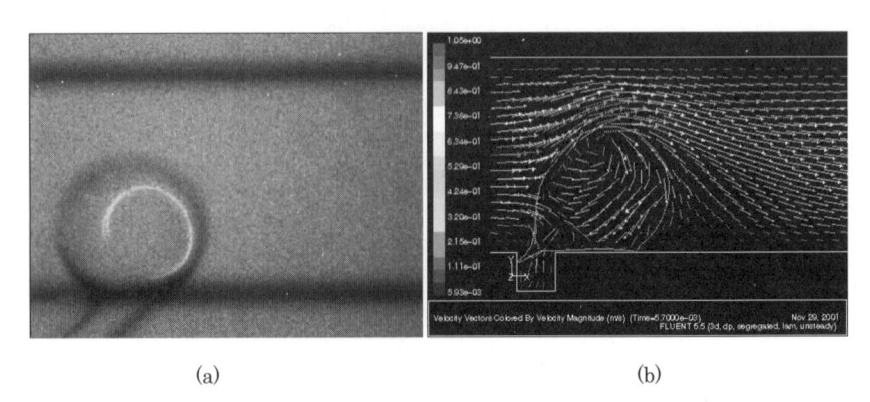

図 3-15　マイクロ流路内部での液滴生成時の流動。(a) 蛍光粒子を利用した可視化実験、(b) 流体解析の結果

3.7.2 気-液2相流

マイクロ流路で気体と液体を接触させた場合には、たいていの場合気-液のスラグ流が発生する。この場合においても各スラグの中には循環流が生じており物質移動が促進される。気-液接触に利用した例では、ガス吸収の容量係数がマクロな装置よりも大きくなると報告されている[13]。

気-液接触には、チャネル型ではなく、Falling Film、いわゆる濡れ壁型のマイクロ化学装置も提案されている。濡れ壁型とはその名のとおり、垂直に設置した板の上部から液体を膜のように流下させることで面積を広げ、気体と接触させる装置である。Jähnisch らは Falling Film 型のマイクロリアクタを利用してトルエンの直接フッ素化反応を安全に実施する技術を発表している[14]。

3.8 拡　散

拡散とは濃度勾配の方向に、溶質が移動する現象である。拡散が生じる原因のひとつは、分子が熱運動によってランダムに位置を変えていることである。これを分子拡散という。分子拡散の速度は非常に遅いため、通常型装置の内部を乱流にすることで、流れに乗って溶質が移動するように工夫されている場合が多い。乱流状態では速度が進行方向に対して垂直方向にも振動することから、横方向の見かけの拡散速度が格段に早くなる。しかし、前述したようにマイクロ流路内部の流れは層流となるので、乱流拡散が生じることはなく、分子拡散が主要な拡散機構となる。分子拡散を定量的に表す基礎式として Fick の法則が知られている。

$$N = -D_A \frac{\partial C}{\partial x} \quad (3.6)$$

ここで、N は単位時間当たりに単位面積を横切る物質の量、D_A は拡散係数である。拡散係数の値は溶媒と溶質によって変化する。一例を表 3.1 に示す。一般に液相において約 $10^{-9}\,\mathrm{m\cdot s^{-2}}$ オーダー、気相では約 $10^{-5}\,\mathrm{m\cdot s^{-2}}$ オーダーである。

さて、最も単純な1次元上の拡散を考えてみる。いくつかの仮定のもとで

表 3.1　25℃における拡散係数（日本化学会編、化学便覧、基礎編改訂 5 版、丸善、2004 より抜粋。単位は m²·s⁻¹)

水　中		空気中	
メタノール	1.13×10^{-9} (*)	メタノール	1.52×10^{-5}
酢酸	1.08×10^{-9} (*)	アセトン	1.05×10^{-5}
ショ糖	0.24×10^{-9} (*)	ヘキサン	0.73×10^{-5}
酸素（O_2）	2.4×10^{-9}	クロロホルム	0.89×10^{-5}

(*) 溶質濃度が $1.0 \text{ mol} \cdot \text{L}^{-1}$ のときの値

はあるが、Fick の法則を使うと、分子拡散のみによる 1 次元の濃度分布の変化を表す式が次のように得られる。

$$\frac{\partial C}{\partial t} = D_A \frac{\partial^2 C}{\partial x^2} \tag{3.7}$$

ここで、t, x はそれぞれ時間と座標である。この式は流れが全くなく、静止した流体の中を拡散によって濃度が変化する場合を表している。マイクロリアクタの中の流体の速度は 0 ではないので、この式でマイクロリアクタ中の拡散のすべてを解明することはできないが、単純化して考えるときには極めて便利である。

例として、幅が L の領域があるとする。初期状態においてこの右半分の濃度が C_0 で、左半分が 0 であるとする。ここで、次のような無次元数を導入する。

$$c = \frac{C}{C_0}, \quad \xi = \frac{x}{L}, \quad \tau = \frac{tD_A}{L^2} \tag{3.8}$$

すると、(3.7) 式は次のように書き換えることができる。

$$\frac{\partial c}{\partial \tau} = \frac{\partial^2 c}{\partial \xi^2} \tag{3.9}$$

また、初期条件と境界条件は次のようになる。

$$c|_{\tau=0} = \begin{cases} 0 & \xi < 0.5 \\ 1 & \xi \geq 0.5 \end{cases} \quad \text{(初期条件)} \tag{3.10}$$

第 3 章　マイクロ流路と流れ

$$\left.\frac{\partial c}{\partial \xi}\right|_{\xi=0} = \left.\frac{\partial c}{\partial \xi}\right|_{\xi=1} = 0 \qquad \text{（境界条件）} \quad (3.11)$$

この方程式を数値的に解いて得られる解を図 3-16 に示す。この図からわかるように、無次元時間 $\tau=0.01$ のオーダーでは変化があまり大きくないが、$\tau=0.1$ になると、濃度分布の変化が顕著になってくる。さらに τ が 1 に達すると、濃度がほぼ均一になって、拡散が終了している。濃度分布が $\tau=1$ のオーダーで顕著に変化していることから、拡散に要する実時間のオーダーを次の式で求めることができる。

$$\tau = 1 \quad \text{すなわち} \quad t = \frac{L^2}{D_A} \qquad (3.12)$$

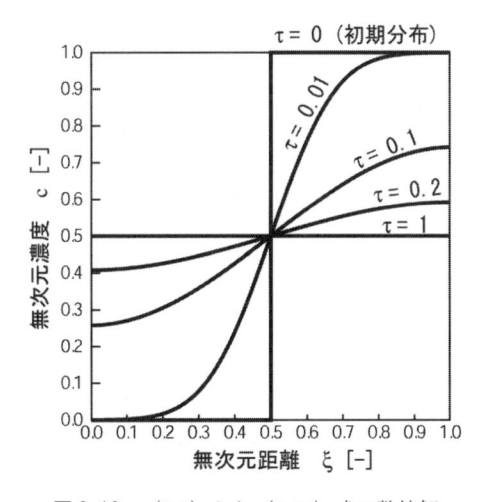

図 3-16　(3.9) から (3.11) 式の数値解

ここで、拡散により濃度が均一になる時間が流路幅の 2 乗に比例する点は重要である。狭い流路では拡散が格段に短い時間で終了する。例えば、マイクロ流路に 2 種類の流体を流した場合、流路幅が 1 cm では、分子拡散によって混合が進行するには 10^5 秒オーダーの時間が必要であるが、流路幅が 10 μm のときには 10^{-1} 秒程度で拡散が進行する。

混合の観点から、大型装置とマイクロリアクタを比較してみる。大型の撹拌装置あるいは、ビーカー、コーヒーカップなど大きさが数センチメートル以上の装置に2種類の流体を入れたとする。何もせず放っておくと、分子拡散によって混合が進行するが、(3.12) 式からわかるように、数センチメートルの幅を分子拡散で混合するには、非常に長い時間を要する。そこで、より早く混合させるためにプロペラ（正しくは撹拌翼、あるいはインペラーという）やスプーンを入れてかき混ぜるという操作、すなわち撹拌を行う。撹拌を行うと、引き起こされる流れによって、2つの流体がマイクロメートルオーダーの間隔のマダラ状に入り交じった状態ができる。マダラ状になると拡散距離がマイクロメートルオーダーとなるので、分子拡散による混合が短時間で進行する。マイクロリアクタは、このマダラ状態を一瞬で達成できる装置であるといえる。

さて、流路が細ければ短時間で混合ができるといっても、あまり細すぎると、圧力損失が大きくなりすぎるほか、閉塞の危険も大きくなる。実際に化学合成に使用する際には、混合速度が遅くなりすぎない範囲で、なるべく太い流路を用いるのがよい。

3.9 マイクロミキサ

微細構造を利用した混合装置、すなわちマイクロミキサはこれまでに多くの種類が提案されており、市販されているものも多い。前述したように、数秒で混合を完了するためには混合距離を少なくとも 10 マイクロメートルオーダーにする必要がある。マイクロミキサはある程度の流量が確保でき、かつ拡散距離を短くできるように様々な工夫が施してある。マイクロリアクタの3次元構造の設計は自由度が非常に大きいため、今後も新たな原理に基づいたマイクロミキサが開発されることもあるであろう。ここでは、これまでに開発されたマイクロミキサのいくつかを取り上げて紹介する。

なお、マイクロリアクタは撹拌翼のような可動部を持たないことから、静的ミキサという種類に属する。マクロサイズの静的ミキサも存在し、既に化学産業で使用されている。

（1）インターディジタル型マイクロミキサ

図3-17に示すインターディジタル型マイクロミキサはドイツのIMM社が生産しているもので、インターディジタルとは、"指の間"という意味である。左右の手の指を組んだときのように、このMixing elementへ左右から進入

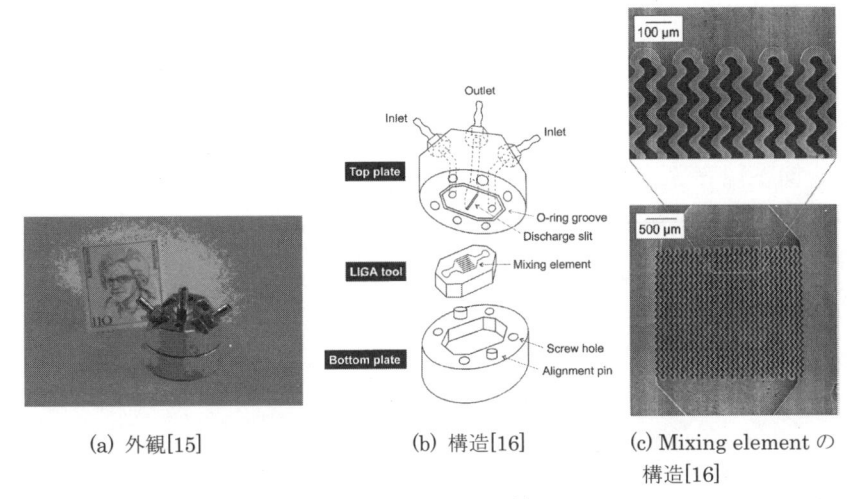

(a) 外観[15]　　(b) 構造[16]　　(c) Mixing elementの構造[16]

図3-17　インターディジタル型マイクロミキサ。(a) © Institut für Mikrotechnik Mainz GmbH. Reprinted with permission, (b, c) Reprinted with permission from [16]. Copyright (1999) American Chemical Society.

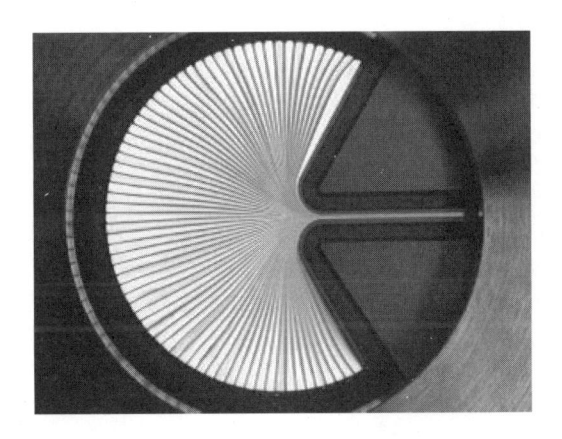

図3-18　SuperFocus マイクロミキサ[17]。Copyright Wiley-VCH Verlag GmbH & Co. KGaA. Reproduced with permission.

した2種類の流体は、屈曲した壁をはさんで互い違いに配列する。このときの配列の幅、すなわち拡散距離は25μmである。そして、上方に設けられたスリット（Discharge slit）を通して排出される。

(2) フォーカシング型マイクロミキサ

テーパー型の流路を利用して拡散距離を短くするタイプのマイクロミキサがフォーカシング型と呼ばれている。フォーカシング型ではまず広い流路で2種類の流体を交互に並べ、テーパー部を通して流路全体を縮小する。フォーカシングを利用したミキサはいくつかの種類が開発されている。一例として、図3-18にSuperFocus型と呼ばれるマイクロミキサを示す[17]。このミ

(a) 外観 　　　　　　　　(b) 流路の写真

(c) 混合原理

図 3-19　キャタピラー型マイクロミキサ[15]。© Institut für Mikrotechnik Mainz GmbH. Reprinted by permission.

キサでは混合部の周囲から2種類の流体が導入されるが、流路を極端に狭くすることで拡散距離を極めて短くすることができる。

(3) キャタピラー型マイクロミキサ

キャタピラー型マイクロミキサを図 3-19 に示す。この混合原理は Split and recombine 型と呼ばれることもある。すなわち、拡散距離の大きな2層流を分割し再合流を繰り返すことで、混合距離を次第に短くする。このミキサの入口部分では、2 種類の流体が横にならんで流れている。これを上下 2 つに分割し（split）、それを左右から合流（recombine）させる。この操作を何度か繰り返すことで、流体を幾層にも重ね合わせて拡散距離を短くする。この様子は流れの数値シミュレーションでも確認されている。

(4) 衝突型（K-M ミキサ）

K-M ミキサは複数の流体を高速に衝突させるような流路の構成になっている（図 3-20）[18]。原料流体は放射状に広がる流路の端から進入し、中心で衝突する。衝突後の流体は、垂直方向に排出される。

(a) 部品の構成 　　　　(b) ミキシング部

図 3-20　K-M ミキサ[18]。Copyright Wiley-VCH Verlag GmbH & Co. KGaA. Reproduced with permission.

(5) 流路壁面の微細構造による 2 次流れの利用

マイクロ流路内部の流れは層流となるため、主流に垂直な方向の流れ、すなわち 2 次流れはほとんど存在しない。流体混合に有利に働く 2 次流れを引き起こすために、Strook らは、マイクロ流路の壁に多数の微細溝を設けた構

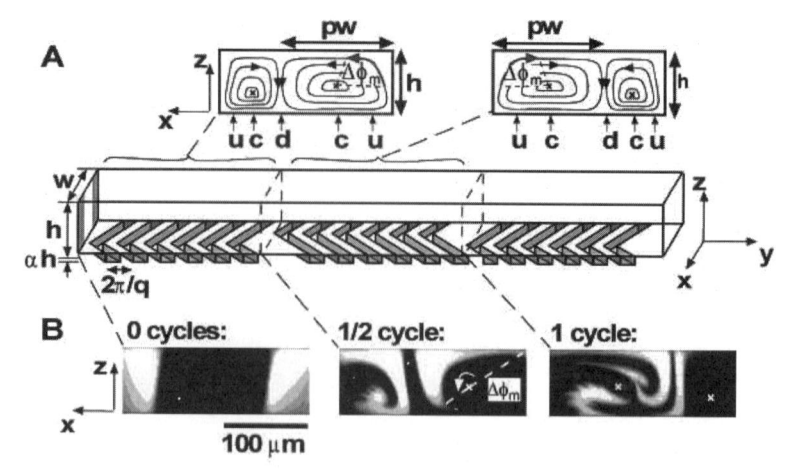

図 3-21 流路壁面の微細な溝を利用したミキサ。流路方向に対して傾きを持つ溝を設けると、2 次流れの発生を促進できる。また、溝のパターンを場所ごとに変化させることで、混合をより促進できる。From [19]. Reprinted with permission from AAAS.

造（図 3-21）を考案している[19]。この流路に流体を流すと微細溝の効果で2 次流が引き起こされ、いわゆる対流による物質移動が進行する。さらにパターンの異なる微細溝を設けることで混合を促進できることが確認されている。

(6) StarLaminator [20]

これは中心までぎっしり詰まったバームクーヘンのような接触状態を構成させる装置である。処理量を大きくしても圧力損失がそれほど大きくならないという特徴を持つ。これは通常のマイクロリアクタとは異なり、多層流を構成する部分は微細な構造を利用しているがその後の流路は太くなっているためである。また、原料を分散させる流路を構成する部分はプレートを組み合わせた構造をしており、プレートの数や形を変えることで混合速度を制御できる（図 3-22）。また、ほかのマイクロミキサと比べて、処理量が極めて大きいという重要な特徴を持つ。

以上マイクロミキサの代表例を紹介したが、これ以外にも多くの形式のものが提案されている。マイクロミキサはマイクロリアクタだけでなく、マイクロ TAS や MEMS 分野の研究者も精力的に取り組んでおり、これらの論文

(a) 外観　　　　　　　　(b) 内部の構造

(c) プレート

図 3-22　StarLaminator[20]。Copyright Wiley-VCH Verlag GmbH & Co. KGaA. Reproduced with permission.

集や学会予稿集には各種のマイクロミキサが紹介されている。

3.10　混合性能評価

　混合性能を定量的に評価する目的で、マイクロリアクタの研究ではVillermaux-Dushman 反応と呼ばれる酸化還元反応が広く使われている[16]。

$$H^+ + CH_3COO^- \rightleftarrows CH_3COOH \qquad (極めて速い) \qquad (3.13)$$

$$5I^- + IO_3^- + 6H^+ \rightleftarrows 3I_2 + 3H_2O \qquad (速い) \qquad (3.14)$$

$$I_2 + I^- \rightleftarrows I_3^- \qquad (3.15)$$

ヨウ素を含む緩衝溶液と酸性溶液（例えば塩酸）とをマイクロミキサ内で混合させて、混合液の吸光度を計測すれば混合特性を評価できる。混合が早ければ酸性溶液中の水素イオンが緩衝溶液に吸収されるので、ヨウ素の状態は変化しない。一方、混合速度が遅くなると、ヨウ素が生じて液が黄色く着色する。これを利用すると反応後の溶液の吸光度で混合速度を定量的に示すことができる。なお、この反応の緩衝液としては酢酸以外にもホウ酸を用いることもできる（例えば、文献[18]）。

3.11 伝　熱

異なる流体や固体の間での熱エネルギーの移動は、化学にとって極めて重要である。化学反応を行うためには流体の温度を所定の温度に保つ必要があるし、発熱が大きな反応を行うときには、十分な冷却を行う必要がある。熱エネルギーは温度勾配を推進力として移動する。熱が移動する形態には三とおりがある。第一は固体や静止した流体の中を温度が伝わる現象であり、伝導伝熱と呼ばれる。第二は流体の流れによって熱が運ばれる現象で、対流伝熱といわれる。第三の形態は、輻射と呼ばれ高温の物質が発する電磁波によって熱が運ばれるもので、マイクロリアクタではあまり生じることはない。

伝導伝熱による熱の移動は極めて重要であり、次の式で表される。

$$q = -k \frac{\partial T}{\partial x} \qquad (3.16)$$

これはフーリエの式と呼ばれており、k は熱伝導率、q は単位面積当たりの伝熱量で、熱流束と呼ばれている。拡散の場合と同様に、1 次元空間における伝熱による温度変化の式は次のように書くことができる。

$$\rho C_p \frac{\partial T}{\partial t} = k \frac{\partial^2 T}{\partial x^2} \qquad (3.17)$$

ここで、ρ は密度、C_p は比熱である。これらの式の形からわかるように、拡散と伝熱は極めて似た挙動を示す。ここで、単純なケースについての熱伝導

を考えてみる。(3.17) 式を変形すると、(3.11) 式と同様の式が得られる。

$$\frac{\partial T}{\partial t} = \alpha \frac{\partial^2 T}{\partial x^2}, \quad \alpha = \frac{k}{\rho C_p} \tag{3.18}$$

ここで、α [m$^2 \cdot$s^{-1}] は拡散係数と同じ単位を持っており、温度拡散率と呼ばれることがある。いくつかの物質についての熱伝導率と温度拡散率の値を表3.2 に示す。(3.18) 式からもわかるように、温度の変化と濃度の変化には類似性がある。温度変化が完了するのに必要な時間は、拡散との場合と同様に次の式によって求めることができる。すなわち、伝熱についても流路幅の2乗に反比例して伝熱に要する時間が短くなる。

$$t = \frac{L^2}{\alpha} = \frac{L^2 \rho C_p}{k} \tag{3.19}$$

表3.2 と表3.1 を比較すると、温度拡散率は拡散係数よりも一般に大きく、液体の場合には約 100 倍となることがわかる。例えば、内壁温度が 50℃に保たれた流路の内部に 30℃の液体が流入すると液体が壁から熱を受け取ってその温度が 50℃に近づいていく。その時間オーダーは幅が 1mm の流路で

表3.2 熱伝導率と温度拡散係数（300K での値）

物　質	熱伝導率 [W・m^{-1}・K^{-1}]	比　熱 [J・kg^{-1}・K^{-1}]	密　度 [kg・m^{-3}]	温度拡散率 [m$^2 \cdot$s^{-1}]
シリコン	148(M)	712(M)	2330(M)	8.92×10^{-5}
鉄	80.2(M)	447(M)	7870(M)	2.28×10^{-5}
ガラス（窓用）	0.78(M)	840(M)	2700(M)	3.44×10^{-7}
アクリル樹脂	0.21(K)	1310(K***)	1160〜1200(R*)	1.36×10^{-7}
水	0.6096(K)	4178.7(R)	996.5(K)	1.46×10^{-7}
アセトン	0.160(M)	2190(M)	791(R**)	9.24×10^{-8}
メタノール	0.202(M)	2520(M)	793(R**)	1.01×10^{-7}
空気	0.02624(M)	1005.7(M)	1.18(M)	2.21×10^{-5}

(K) 日本化学会編、化学便覧、基礎編改訂 5 版、丸善、2004
(M) M. Kutz 編、Mechanical Engineer's Handbook, John Wiley & Sons, 1998
(R) 国立天文台編、理科年表　平成 19 年、丸善、2006
(*) 常温、(**) 20℃、(***) 25℃

あれば 10^{-1} 秒のオーダーとなる。したがって、伝熱によって流路の温度が一定になるために必要な時間は分子拡散に要する時間よりも短くなる。

さて実際に流体の温度を制御するには流路とマイクロリアクタ外部との熱交換速度が重要となる。発熱する流体の温度を一定に保つためには発熱速度に相当する除熱速度が必要である。また、流体の温度を急速に変化させるためにマイクロ流路を用いる場合には、温度変化に必要なだけの熱量を周囲から与える必要がある。このような熱交換の速度は、装置材料の熱伝導率、温度差に比例する。表 3.2 の熱伝導率を見ると、流路形状や温度差が同じ場合を考えると、ガラスやアクリル樹脂に比べて金属は 100 倍以上の伝熱速度を実現できるといえる。

3.12 熱交換器

熱移動が速く進むという利点を利用すると、コンパクトな熱交換器を開発することができる。熱交換器とは高温の流体を利用して他の流体を加熱したり、あるいは、低温の流体を使って流体の冷却を行う装置である。加熱を行ったときには、加熱された流体は熱を受け取るが、加熱に使われた流体は熱を失う。このように、一方の流体が持つ熱が別の流体に移るので、熱交換器という呼び名がある。熱交換器は特殊なものではなく、身の回りにもよく見かける。例えば、ガス湯沸かし器には熱交換器が入っており、ガスを燃焼させて発生させた高温の気体を利用して水道水を加熱している。このほか、エアコンや自動車にも熱交換器は使われている。

従来の化学工業で用いられている熱交換器は多くの種類があるが、多管式とプレート式が代表的である。詳細な構造については化学工学のテキストなど[21]に詳しく載っているほか、現在ではインターネットでも見ることができるのでここでは述べない。多管式と呼ばれる熱交換器で使用されている流路の幅は通常センチメートルオーダーであり、一方のプレート式ではミリメートルオーダーである。

マイクロリアクタと異なり、マイクロ熱交換器は独立した 2 つの流路を作製する必要がある。しばしば紹介されるのはマイクロ流路を有する微細な金

属板を、拡散接合を利用して多層に重ねた構造である。一例を図 3-23 に示す。

マイクロ熱交換器では流路の幅や枚数を変化させることで、圧力損失や伝熱特性を自由に変化させることができる。流路の幅が小さいものを利用すれば熱交換をより短時間で完了できるようになる。また、流路の数を増やせば圧力損失を小さく抑えることも可能である。

マイクロ熱交換器の重要な特徴のひとつに流体体積に対する装置体積が大

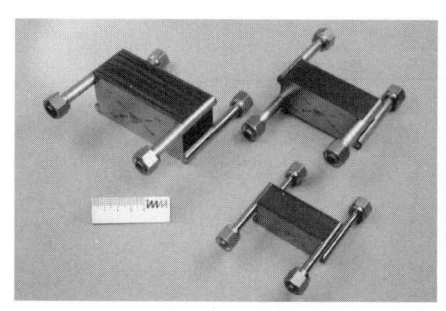

(a) IMM 社のマイクロ熱交換器[15]。右のプレートを積層して作製されている。
© Institut für Mikrotechnik Mainz GmbH. Reprinted with permission.

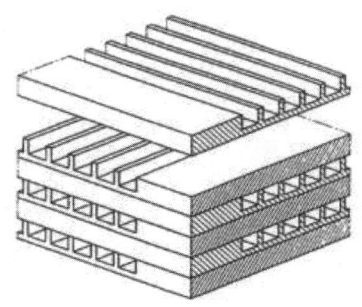

(b) FZK（カールスルーエ研究所）のマイクロ熱交換器[22]。右は微細加工された金属板の積層方法である。流路はクロスフロー型（十字流型）に配置されている。
© Forschungszentrum Karlsruhe. Reprinted with permission.

図 3-23　マイクロ熱交換器の流路構造。いずれも左が熱交換器の外観である。右はマイクロ熱交換器の内部のプレートの構造を表している。

きいという点が挙げられる。このため、装置材料を通した伝熱が無視できない場合がある。図3-23のような熱交換器は大きさが1cm程度しかない。流体の温度変化を大きくすると、高温部と低温部が接近しているために装置材料に大きな温度分布が生じてしまう。その結果、装置材料を介した熱伝導によって大量の熱が移動して、装置全体の温度がより均一に近づいてしまう。通常型の装置では、流体に比べて装置の体積が小さいほか、温度分布も急峻とならないため、このような伝導伝熱は無視できるほど小さい。したがって、マイクロ熱交換器で達成できる温度差が、通常型熱交換器よりも小さくなる場合がある。

　マイクロ熱交換器の中でも銅やアルミ、シリコンなどの熱伝導度の大きな材料で構成されているものはこのような効果が特に大きい。マイクロ熱交換器の設計を行う場合には、装置全体に生じる温度分布を考慮して、高い熱交換の効率が得られるように配慮する必要がある。

3.13　反応流路の加熱・冷却

　化学反応を行う場合、反応装置を所定の温度に保つ必要がある。もしも反応が発熱反応であり、かつその反応熱が大きい場合には、その熱をうまく反応器の外に取り出してやらなければ温度を一定に保つことができない。除熱速度が十分ではない反応装置で発熱反応を行うと、反応器の一部の温度が周囲よりも大幅に高くなるいわゆるホットスポットが発生することがある。ホットスポットは危険であるだけでなく、選択率へ悪影響を及ぼしたり、触媒の寿命を縮めたりするので好ましくないことが多い。強い発熱反応としては気相の燃焼反応が代表的であるが、液相の反応においても、フッ素化、ニトロ化、グリニャール反応、重合反応など発熱の大きな反応が数多くある。液相反応において熱が大量に発生すると急速な蒸発による大きな体積変化が生じたり、試薬が飛び散ったりして極めて危険である。現在では温度の上昇を防ぐために、低温で反応を実施したり、原料を徐々に加えるなどの操作が行われている。

　マイクロリアクタの温度を一定に保つ最も簡単な方法は湯浴に浸すことで

ある。反応装置自身が小さいので、これだけでも反応装置の温度を所望の温度に保つことができる。発熱の大きな場合には、冷媒を流すための流路を備えたマイクロリアクタを使うとよい。前述した Falling film 型リアクタではトルエンの直接フッ素化が行われているが、これは極めて危険な反応で通常装置では爆発する危険が大きい。マイクロリアクタを利用して反応熱をうまく外界に持ち出すことによって、安全に反応を実施することに成功している[14]。このような除熱速度が大きいことを利用した多くの活用事例があり、詳細は第 6 章で紹介する。

3.14 マイクロ流路の閉塞

マイクロ流路は代表径が小さいために閉塞のおそれが大きい。微粒子を発生させるような場合では、流通させる流体から壁面上で粒子が発生、成長するおそれがあるほか、液相で発生した粒子が壁面上に付着するおそれがある。マイクロリアクタを微粒子合成に利用した研究では、閉塞の問題を回避するために、マイクロリアクタの構造を工夫して粒子の発生ゾーンを壁から遠ざけるようになっている。この詳細については第 6 章で触れる。

しかしながら、微粒子の発生、流通を意図した利用ではなくとも、原料への異物混入などの原因によって、流路内部へ粒子が流れ込むおそれがある。何らかの原因によって流路の閉塞や狭窄が起きた場合には、流量の低下あるいは圧力損失の上昇となって検知することができる。現実にマイクロリアクタを利用する際には、原料中の異物をトラップするためのフィルターと、閉塞を検知するための圧力および流量モニターの設置が望まれる。

なお、マイクロ流路では閉塞の原因が流路中の固体とは限らず、流路に混入した気泡が原因となる場合もある。例えば、流路が分岐している場合、気泡が残留している流路には流体が全く流れないという現象が見られる。注射の際に空気が血管に入ると脳の毛細血管での閉塞を引き起こすという話を聞いたことがある方もおられるだろう。これと同じことがマイクロリアクタで生じるのである。気泡が混入する原因としては、原料流体に含まれている気泡が原因となる場合もあるが、マイクロリアクタに初めて液体を流す際に気

泡が残ることもある。初回使用時の気泡の残留を防止するために使用前に壁を構成する材料と親和性の高い流体で流路全体をあらかじめ満たしておく場合もある。この操作をプライミングという。

　マイクロ流路における流れや輸送現象の基礎について述べた。マイクロ流路で拡散や伝熱を短時間で終了できることは、マイクロリアクタの特徴を発現させる最も基本的な性質であり、マイクロリアクタを応用するにはこれらをよく理解しておく必要がある。ここでは基本的な事項しか述べていないが、マイクロリアクタの解析には従来の流体力学や輸送現象を活用することができる。その詳細は各種テキスト（例えば[3]など）に詳しい。

参考文献

[1] 例えば、C. Amador, A. Gavriilidis, P. Angeli, "Flow distribution in different microreactor scale-out geometries and the effect of manufacturing tolerances and channel blockage", *Chem. Eng. J.*, 101(1-3), pp.379-390 (2004)

[2]例えば、K. Sue, K. Kimura, K. Arai, "Hydrothermal synthesis of ZnO nanocrystals using microreactor," *Mater. Lett.*, 58(25), pp.3229-3231 (2004)

[3] R.B. Bird, W.E. Stewart, E.N. Lightfoot, Transport Phenomena, John Wiley & Sons, 1960.

[4] Y. Yamaguchi, F. Takagi, K. Yamashita, H. Nakamura, H. Maeda, K. Sotowa, K. Kusakabe, Y. Yamasaki, S. Morooka, "3-D simulation and visualization of laminar flow in a microchannel with hair-pin curves," *AIChE J.*, 50(7), pp.1530-1535 (2004)

[5] S. Ookawara, R. Higashi, D. Street, K. Ogawa, "Feasibility study on concentration of slurry and classification of contained particles by microchannel," *Chem. Eng. J.*, 101(1-3), pp.171-178 (2004)

[6] M. Tokeshi, T. Minagawa, K. Uchiyama, A. Hibara, K. Sato, H. Hisamoto, T. Kitamori, "Continuous-flow chemical processing on a microchip by combining microunit operations and a multiphase flow network," *Anal. Chem.*, 74(7), pp.1565-1571 (2002)

[7] T. Maruyama, T. Kaji, T. Ohkawa, K. Sotowa, H. Matsushita, F. Kubota, N.

Kamiya, K. Kusakabe, M. Goto, "Intermittent partition walls promote solvent extraction of metal ions in a microfluidic device," *Analyst*, 129(11), pp.1008-1013 (2004)

[8] A. Aota, M. Nonaka, A. Hibara, T. Kitamori, "Countercurrent laminar microflow for highly efficient solvent extraction," *Angew. Chem. Int. Ed.*, 46(6), pp.878-880 (2007)

[9] N. Harries, J.R. Burns, D.A. Barrow, C. Ramshaw, "A numerical model for segmented flow in microreactor," *Int. J. Heat Mass Transfer*, 46(17), pp.3313-3322 (2003)

[10] 川井明、松本進一、桐谷英昭、及川智之、原克幸、大川朋裕、二見達、片山晃治、西澤恵一郎、「分級不要ゲル製造用マイクロリアクタの開発」、東ソー研究・技術報告書、47, pp.3-9 (2003)

[11] S. Sugiura, M. Nakajima, N. Kumazawa, S. Iwamoto, M. Seki, "Characterization of spontaneous transformation-based droplet formation during microchannel emulsification," *J. Phys. Chem. B*, 106(36), pp.9405-9409, (2002)

[12] T. Kawakatsu, Y. Kikuchi, M. Nakajima, "Regular-sized cell creation in microchannel emulsification by visual microprocessing method," *J. Am. Oil Chem. Soc.*, 74, pp.317-321 (1997)

[13] S. Irandoust, B. Andersson, "Simulation of flow and masstransfer in Taylor flow through a capillary," *Comput. Chem. Eng.*, 13(4-5), pp.519-526 (1989)：D. Qian, A. Lawal, "Numerical study on gas and liquid slugs for Taylor flow in a T-junction microchannel," *Chem. Eng. Sci.*, 61(23), pp.7609-7625 (2006)

[14] K. Jähnisch, M. Baerns, V. Hessel, W. Ehrfeld, V. Haverkamp, H. Löwe, Ch. Wille, A. Guber, "Direct fluorination of toluene using elemental fluorine in gas/liquid microreactors," *J. Fluorine Chem.*, 105(1), pp.117-128 (2000)

[15] IMM 社ホームページ：http://www.imm-mainz.de/

[16] W. Ehrfeld, K. Golbig, V. Hessel, H. Löwe, T. Richter, "Characterization of Mixing in Micromixers by a Test Reaction: Single Mixing Units and Mixer Arrays," *Ind. Eng. Chem. Res.*, 38(3), pp.1075-1082 (1999)

[17] P. Löb, K.S. Drese, V. Hessel, S. Hardt, C. Hofmann, H. Löwe, R. Schenk, F. Schönfeld, B. Werner, "Steering of Liquid Mixing Speed in Interdigital Micro Mixers - From Very Fast to Deliberately Slow Mixing," *Chem. Eng.*

Technol., 27(3), pp.340-345 (2004)

[18] H. Nagasawa, N. Aoki, K. Mae, "Design of a new micromixer for instant mixing based on the collision of micro segments," *Chem. Eng. Technol.*, 28(3), pp.324-330 (2005)

[19] A.D. Strook, S.K.W. Dertinger, A. Ajdari, I. Mezic, H.A. Stone, G.M. Whitesides, "Chaotic Mixer for Microchannels," *Science*, 295(5555), pp.647-651 (2002)

[20] B. Werner, V. Hessel, P. Löb, "Mixers with Microstructured Foils for Chemical Production Purposes," *Chem. Eng. Technol.*, 28(4), pp.401-407, (2005)

[21] 例えば　亀井三郎編「化学機械の理論と計算」第二版、産業図書、1975；化学工学会編、「化学工学便覧」、改訂六版、丸善、1999

[22] カールスルーエ研究所ホームページ：http://www.fzk.de/

第4章

マイクロリアクタの設計

4.1 スケールアップとナンバリングアップ

　従来のプロセス開発では、実験室規模の小型装置から数段階のスケールアップを経て工業生産が可能な実機を建設し生産が開始される。開発された実機をさらに大型化することで、コスト削減あるいは省エネルギー化が進められてきた。最近はプロセス開発の期間短縮が望まれており、コンピュータシミュレーションによる設計強化が進められているが、限界がある。

　化学反応による物質生産をマイクロリアクタで行うためには、必要な生産速度を確保するために、図4-1に示すように、マイクロリアクタ本体については、マイクロチャネルを多チャネル化することや深溝化することで生産速度の向上を図ることができる、加えて同じ形状のマイクロリアクタを集積化するナンバリングアップの手法がとられる。マイクロリアクタは、試験装置と実機のリアクタは同一の構造（マイクロチャネル）なので、集積化技術とシステム制御系を組み込むだけで実機が完成する。したがって、研究開発期間を短縮することができるし、その間のコストを削減することが可能である。

　物質生産を行うためには反応器に加えて原料タンク、分離装置、熱交換器、ポンプ、バルブなどの周辺装置が必要となり、さらにこれらを有機的に結合し、安全な操業を行うために計測機器や制御機器が必要となる。これらを組み合わせることでマイクロ化学プラントとなる。マイクロ化学プラントを構築するためのナンバリングアップの手法としては、外部ナンバリングアップ

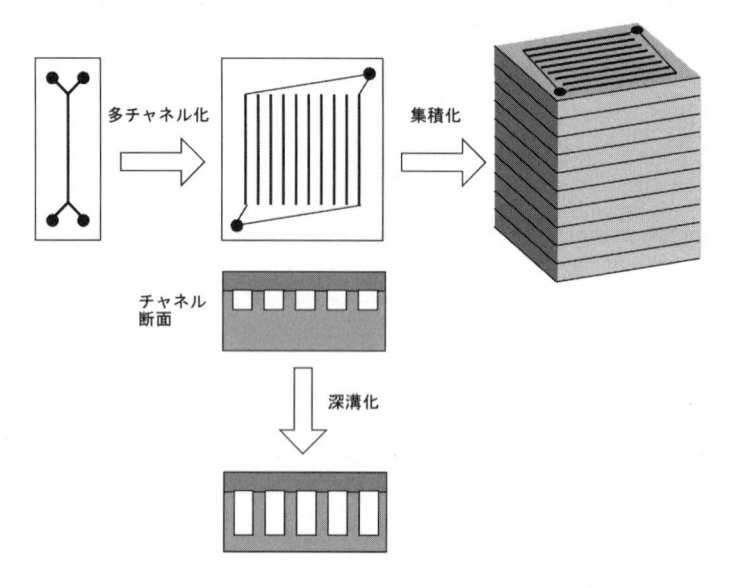

図4-1 マイクロリアクタのナンバリングアップ

と内部ナンバリングアップに大別できる[1]。ここでは、最も単純化したプロセスとして原料の混合、反応そして分離・精製の3つの単位操作を直列に組み合わせた製造装置を用いて、外部および内部ナンバリングアップについて説明する。マイクロ化した混合器はマイクロミキサ、マイクロ化した分離器はマイクロセパレータと呼ぶことにする。

図4-2に示すように、外部ナンバリングアップでは、研究開発時に組み合わせたマイクロミキサとマイクロリアクタとマイクロセパレータをそのまま並列化したものである。そのため、迅速な生産プロセスへの移行が可能である。一方でナンバリングアップの数が多くなれば、その分だけ周辺機器の数が増えるので、操作が複雑化すると共にコストが増加するという欠点もある。

一方、内部ナンバリングアップは、図4-1で示したようにマイクロリアクタ自体をナンバリングアップして、これをひとつのユニットとして使用し、組み合わせる方式である。図4-2の例はミキサ3個、リアクタ5個、セパレータ5個をそれぞれ集積化したものをユニットとして組み合わせる方法である。この場合には、すべてをマイクロデバイスでプラントを組み立てる必要

第4章　マイクロリアクタの設計

(a) 外部ナンバリングアップ

(a) 内部ナンバリングアップ

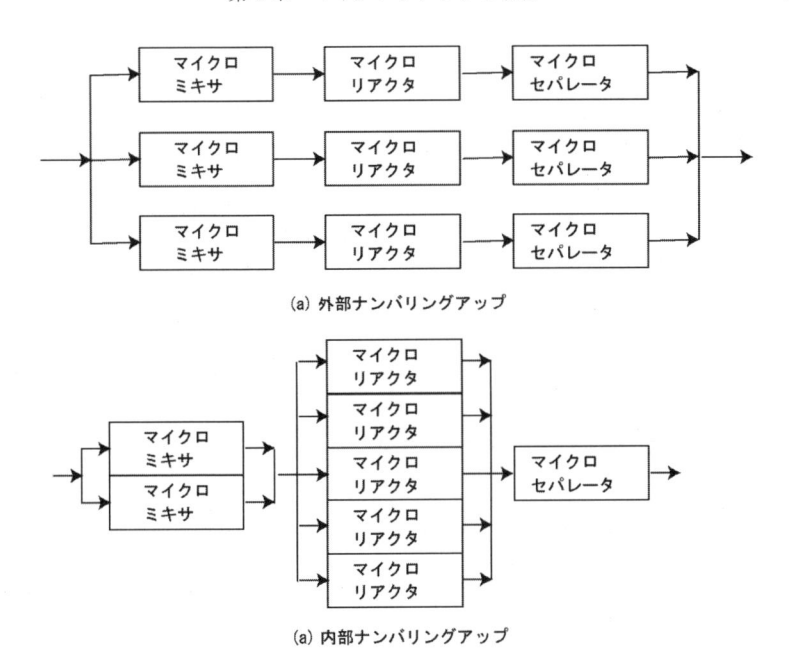

図 4-2　ナンバリングアップの方法

はなく、セパレータの単位操作がマイクロ化に不向きであれば分離操作は集積化したマイクロセパレータに代わって、マクロなセパレータで行うことも可能である。

　内部ナンバリングアップは外部ナンバリングアップに比べて周辺機器と配管の数は少なくなり、様々な反応条件に柔軟に対応したプロセスを組むことができる。その一方で、内部ナンバリングアップでは研究室規模で行った流路設計を再構築しなければならないので、生産プロセスにいたるまでに時間とコストが必要となる。また、配管数は減るが、流体の分岐・合流の数が増えることになる。したがって、分岐装置自体もマイクロ化したものが必要となり、各マイクロデバイスあるいはマイクロチャネル内を均等に流体が流れ、装置内の圧力損失を小さくするような設計が必要である。化学プロセスをマイクロデバイスでナンバリングアップするときの指針を表 4-1 に示す[2]。実際にナンバリングアップしたマイクロ化学プラントについては第 6 章で紹介する。

表 4-1 ナンバリングアップと化学プロセス

項 目	外部ナンバリングアップ	内部ナンバリングアップ
集積化する数	少（10以下）	多
相	不均相プロセス （気泡、液滴、微粒子生成プロセス）	均相プロセス
生成物	高付加価値材料 機能性化成品	ファインケミカル 汎用化成品
安全面	危険なプロセス	安全なプロセス

4.2 マイクロ化学プロセスの概念

　マイクロリアクタを設計するに当たっては、年間の生産量を明確にしなければ話が進まない。次に実際に設定した生産量を達成するためにマイクロリアクタを用いたプロセスに問題点がないかを検証する必要があろう。マイクロリアクタで生産するものは汎用基礎化学品ではなく、医薬品や機能性化成品である。仮にマイクロリアクタを用いた化学プラントで製品 1 kg 当たり 10000 円の物質を製造するとして、年商 1 億円を達成するには 10t/y の生産量が必要である。ここでは生産量を 10t/y と仮定して話を進めていくことにする。

　マイクロリアクタは多チャネル型であり、直径が 500μm の円形のチャネルが 10 流路あり、このリアクタを 20 個集積化して生産を行うことにする。したがって、生産量 10t/y として、このプロセスを 300 日稼動で運転すると 33.3 kg/d あるいは 1.39 kg/h の生産量となる。ここでは液相反応で、液体の密度を $1000 kg\cdot m^{-3}$ として生産量から流速を計算すると、マイクロチャネルを通過する液流速はおよそ $1 cm\cdot s^{-1}$ となる。これを（3-5）式を用い、液粘度を $10^{-3} Pa\cdot s$ として計算すると、流路 1m 当たりの圧力損失は 1280 Pa となり、圧力損失については問題とならない。この条件で直径を 50μm とすると断面積が 1/100 となるので、マイクロリアクタを 2000 個集積する必要がある。現状では 2000 個の集積は技術的に困難であるので、工業生産に使用するマイクロリアクタはサイズが 100μm は必要であると思われる。この反応

の反応時間として1時間が必要である場合には液流速 1cm・s^{-1} なので 36m のマイクロチャネルが必要となり、マイクロチューブ型のリアクタとなる。また、マイクロチャネルを図 4.1 に示すように深溝型として幅 500μm、深さを 5mm とすれば、10t/y の生産量とした場合も流速は 0.1cm・s^{-1} まで下げることができるので、マイクロチャネルの長さは 3.6m となり、この長さであれば基板を集積化することで対応できる。

4.3 微細管型反応器の反応工学

マイクロリアクタは流体を連続的に装置内に供給、排出する連続操作（流通式操作）を行う反応装置であり、流体が通過するマイクロチャネルの形状は円管に限らず、断面が矩形、台形あるいは三角形などの流路も利用される。反応装置の分類としては管型反応器（Plug Flow Reactor、PFR）と呼ばれる反応器である。したがって、マイクロリアクタを設計するためには、管型反応器の基礎設計方程式を理解しなければならない。実際のマイクロリアクタ内の流れは、図 4-3 に示すように、流体の速度分布が放物線を示す層流であるが、基礎設計方程式を導出するために、ここでは理想的な流れのスタイルである押し出し流れを仮定することにする。

反応は液体中で起こり、反応による体積膨張がない場合について考える。

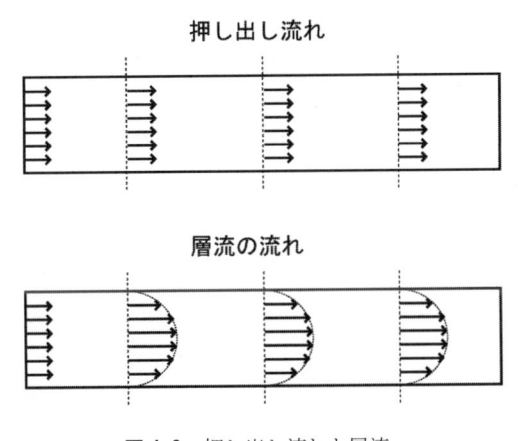

図 4-3　押し出し流れと層流

また、反応に関与するひとつの分子Aについて、Aが反応により消失する速度を反応速度r_Aとすると、反応速度r_Aが分子Aの濃度C_Aの1次に比例する場合について、管型反応器の設計方程式を導くことにする。

$$r_A = -kC_A \quad (k\text{は反応速度定数}) \quad (4\text{-}1)$$

管型反応器では、入り口近傍ではA成分の濃度が高いので、反応が急激に進行する。流体が反応器の内部へ進むにつれて、反応によるA成分の消失のため濃度が低下するので図4-4に示すような濃度分布を生じる。このような場合には反応器全体で物質収支をとることができないので、図に示すように反応器中央部を円盤上に輪切りにした微小空間（体積ΔV）を仮定し、この空間における物質収支を考えることにする。

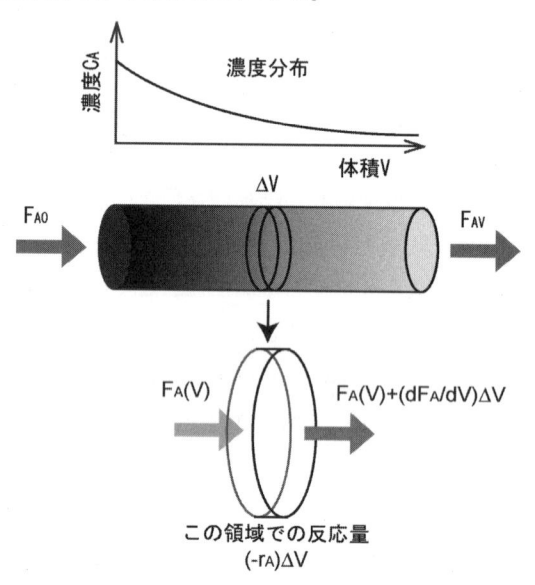

図4-4 管型反応器の物質収支

反応器入口にA成分を流入速度F_{A0}（mol·m^{-3}）で供給し、出口の流出速度はF_{AV}（mol·m^{-3}）とする。次に、微小空間への流入速度をF_A（mol·m^{-3}）とする。F_Aの変化速度をdF_A/dVとすると、ΔVの空間を通過した後の流出速度は$F_A+(dF_A/dV)\Delta V$で表すことができる。ΔVの空間において反応が進行することで、流入速度と流出速度との差が生じるので、物質収支式は次式

となる。

$$F_A - (F_A + (dF_A/dV)\Delta V) = (-r_A)\Delta V \tag{4-2}$$

この式を整理すると

$$-(dF_A/dV) = -r_A \tag{4-3}$$

となる。ここで、反応率 $x_A [= 1-(F_A/F_{A0})]$ を用いると、$dx_A = -(1/F_{A0})dF_A$ の関係から (4-3) 式は

$$F_{A0}(dx_A/dV) = -r_A \tag{4-4}$$

となる。この式を積分すると

$$\frac{V}{F_{A0}} = \int_0^{x_A} \frac{dx_A}{-r_A} \tag{4-5}$$

となる。ここで、管型反応器を通過する流体の体積流量を v (m$^3 \cdot$s^{-1}) とすると、$F_{A0} = vC_{A0}$ の関係から (4-5) 式は

$$\tau = \frac{V}{v} = C_{A0} \int_0^{x_A} \frac{dx_A}{-r_A} \tag{4-6}$$

となる。ここで、V/v は時間の単位を持ち、管型反応器では成分 A が反応器入口から出口まで滞留する時間を示し、これを空間時間 τ と呼ぶ。反応速度が A の濃度の 1 次に比例する場合には、$-r_A = kC_A = kC_{A0}(1-x_A)$ となるので、これを上式に代入して積分すると、

$$\log_e(1-x_A) = -k\tau = -k(V/v) \tag{4-7}$$

あるいは

$$C_A/C_{A0} = \exp(-k\tau) = \exp(-k(V/v)) \tag{4-8}$$

となり、これらの式で反応器出口の濃度変化を表現することができる。C_A/C_{A0} と τ との関係を示した図 4-5 で明らかなように、同じ流量 v では反応器の体積 V が大きいほど、あるいは同じ反応器では体積流量が小さいほど、反応器出口における成分 A の濃度が小さくなることを示している。

マイクロリアクタは管型反応器ではあるが、流れは層流であり図 4-1 に示すように管の中心部では、速度が速いので反応物質の滞留時間が短くなり、逆に周辺部では滞留時間は長くなる。したがって、反応率は半径方向にばらつきがあり、流速の低い周辺部は流速の高い中央部に比べて反応が進むこと

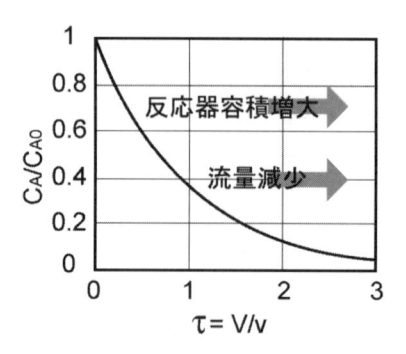

図4-5 管型反応器で1次反応を行った場合の濃度と空間時間との関係

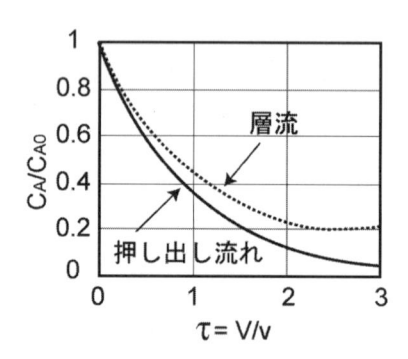

図4-6 管型反応器で層流の場合の濃度と空間時間との関係

になる。半径方向には拡散による混合はなく、流速の分布だけを考慮して1次反応における濃度変化 C_A/C_{A0} を計算した。結果は図4-6のようになり、理想的な押し出し流れに比べて層流では全体の反応性は低下する。

　図4-5、4-6で示すように、管型反応器で1次反応を行うと、反応器入り口で反応が最も進行する。反応速度が濃度の2乗や3乗に比例する2次反応や3次反応ではさらにこの傾向が強くなる。反応が進むことは反応器容積が小さくてよいので好都合ではあるが、酸化反応のような発熱を伴う反応では、反応器入り口の温度が上昇するので除熱をしなければならない。反応器の内部あるいは外周部の冷却管による冷却が十分でなければ、反応温度を低くして操作すること、反応器の改良などの対策がとられるが、最悪のケースでは、着目する化学反応プロセス全体を見直さなければならない。発熱反応を行う

場合に、管型反応装置内で均一に反応を進めることは重要である。

4.4 マイクロリアクタを用いた反応操作

マイクロリアクタでは、液を均一に分散する目的で図 4-7 に示すような枝分かれしたチャネルを作製することがあるが、このように枝分かれしたチャネル（長さ L）を持つマイクロリアクタで 1 次反応を行うと、最初は流速 u で流体を流しても、分岐して 2 本のチャネルになると流速は 1/2 となる。さらに分岐を繰り返すと流速は 1/4、最後には 1/8 まで減速する。滞留時間は L/u となるので、チャネルが分岐すると共に滞留時間は 2 倍、4 倍、8 倍となる。上流側では原料濃度は高いが滞留時間が短く、下流になると濃度は低下するが滞留時間が長くなるので、反応を反応器内で均一に行うことができ

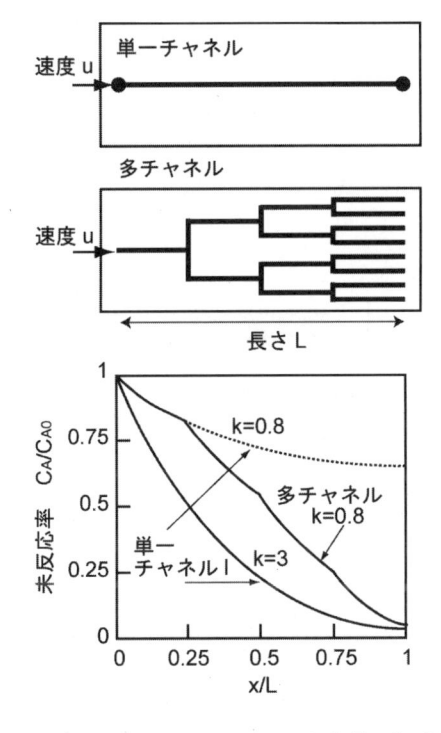

図 4-7　多チャネルマイクロリアクタを用いた反応制御

る。(4-8) 式を用いて計算した結果、図 4-7 に示すように枝分かれした多チャネルのマイクロリアクタについては、反応器の軸方向にほぼ均一に反応が進むことを示している。単一チャネルのマイクロリアクタを同じ条件（反応速度定数 $k=0.8$）で反応させると点線のようになり、反応が進まない。出口の反応率を等しくするためには温度を上げるなどの操作をして、反応速度定数を $k=3$ 程度まで上げなければならない。このように形状の自由度が大きいというマイクロリアクタの特徴を利用して反応を制御することができる。

マイクロリアクタについて、管型反応器の設計方程式を用いて解析するには、複数の反応物が完全に混合した状態でリアクタ内に供給されていることが条件となる。気体中に比べて液体の分子の拡散係数は小さいので、2 つの溶液をマイクロリアクタ内に直接供給すると、図 4-8 に示すように、すぐには混合することはなく 2 相流の状態が続く。このような場合には溶液が混合して均一な状態になる前に反応が進むので、混合状態が反応特性に大きく影響する。一方、マイクロミキサをマイクロリアクタの上流に設置すれば、リアクタ反応特性は管型反応器の設計方程式で予測が可能である。同じ滞留時間のマイクロリアクタでみかけの反応速度が拡散や伝熱の抵抗で支配されている場合には、マイクロミキサを用いた迅速な混合が適している。

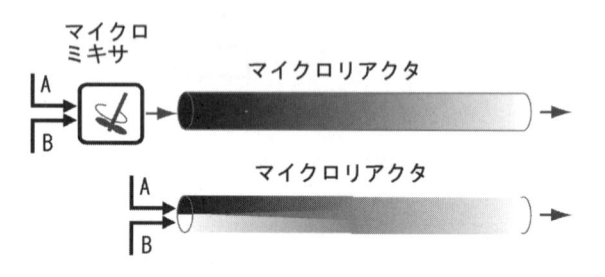

図 4-8 マイクロリアクタの混合と反応

マイクロリアクタを用いて逐次反応や並列反応などの複合反応を行う場合、精密な反応制御が可能であるため、目的化合物の高選択的な合成が期待されている。マイクロミキサを用いずにマイクロリアクタ単独で出発物質 A と反応剤 B を反応させて主反応物 P を得る反応で、主反応物 P がさらに反

応剤Bと反応して副生成物Sを生成する逐次反応について考える。

$$A + B \rightarrow P \tag{4-9}$$
$$P + B \rightarrow S \tag{4-10}$$

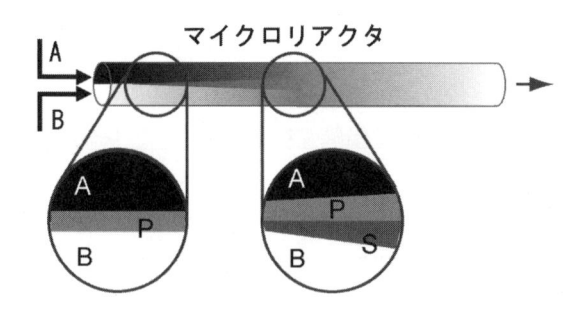

図4-9 マイクロリアクタにおける逐次反応

　図4-9に示すように、マイクロリアクタの入口側では、AとBの界面で拡散と反応が起こり、界面近傍には主生成物Pの層が形成され、AとBは反応できなくなり、PとBとの界面で反応が進むことで副生成物Sが生成する。この条件でマイクロリアクタを用いるのは得策ではない。したがって、このような場合の反応装置設計には反応特性について CFD シミュレーションを行うことが有効である[3]。Mae ら[3]は矩形のマイクロチャネル入口に複数層に薄層化したセグメントとして原料を供給する操作法を提案し、(4-9)、(4-10)式の逐次反応の反応次数および反応速度定数を変化させて CFD シミュレーションを行った。その結果、リアクタ出口の反応率と収率との関係を定量的に解析すると、マイクロ流体セグメントを厳密に設計してリアクタ内での拡散と反応の進行を制御することにより、目的生成物の選択率を上げる操作が可能であると報告している。

4.5　マイクロリアクタを用いた非定常操作

　化学プロセスのスタートアップやシャットダウン時には非定常操作が行われるが、ここでは温度、濃度、流量を周期的に変動させて連続的に非定常操

作を行う場合について考える。このような非定常連続操作が定常操作に比べて反応成績が向上することは、モデル計算やシミュレーションにより数多く報告されている[4]。しかしながら、マクロな反応器では周期的温度変動操作を行おうとしても、伝熱速度が十分ではないので、実操作では期待したとおりの反応成績は得られない。マイクロリアクタは外部からの刺激に対する応答速度が速いので非定常連続操作に適した反応器である。

マイクロリアクタを用いて気相触媒反応を行うと、触媒反応に関与する分子が触媒表面に吸着することで反応が阻害される場合がある。図4-10で示すように、マイクロリアクタに反応物とキャリアガスを交互に供給する周期的濃度変動操作を行うと、反応と分離（阻害成分の脱着）が起こることによって反応特性が改善する。マイクロリアクタを用いて周期的濃度変動操作によりγ-アルミナ触媒上で2-プロパノールの脱水反応によるプロペンの合成を行った結果、定常操作を超える反応成績を示し、モデル計算とよく一致す

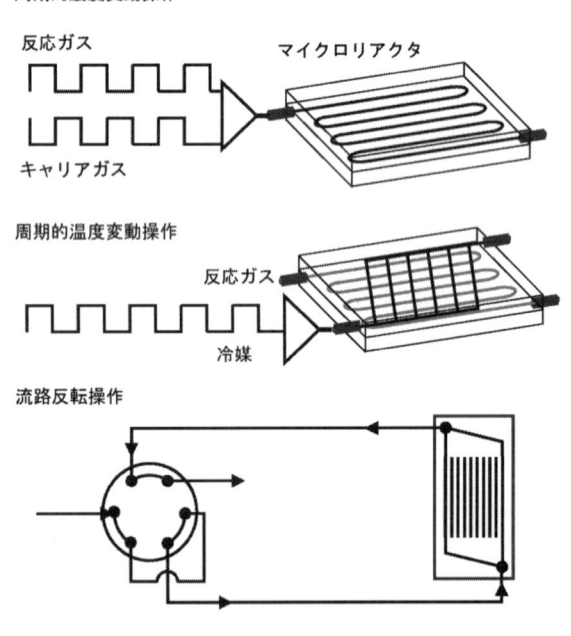

図4-10 マイクロリアクタによる非定常操作

ることがわかった[5]。

　マイクロリアクタによる周期的温度変動操作の例[6]としては、反応用と冷媒用の2つのマイクロチャネルを持ち、ヒーターで定常加熱できるマイクロリアクタが設計され、周期的に冷媒として用いた水の流れをオンオフすることによって125℃から225℃までの昇降温を5秒周期で行うことに成功している。このリアクタを用いて白金触媒上のCOの酸化反応を行うと、定常状態を上回る反応率になると報告されている。この場合も、先に述べた周期的濃度変動操作と同様に温度変化による脱着が影響していると考えられる。非定常操作では触媒粒子表面だけでなく、粒子内の濃度分布が時間的に変動することも反応成績が向上する原因であると考えられる。図4-10に示した流路反転反応器も非定常反応の特性を十分に活用した反応器であり、マイクロ化が適している。

参考文献

[1] R. Schenk, *et al.*, *Chem. Eng. Technol.*, 12, 1271 (2003)
[2] V. Hessel, S. Hardt, H. Löwe, "Chemical Micro Process Engineering", WILEY-VCH, p.10 (2004)
[3] K. Aoki, S. Hasebe, K. Mae, *Chem. Eng. J.*, 101, 323 (2004)
[4] T. Aida and P.L. Silveston, "Cyclic Separating Reactors", Blackwell Publishing (2005)
[5] A. Rouge *et al.*, *Chem. Eng. Sci.*, 56, 1419 (2001)
[6] J .J. Brandner *et al.*, *Chem. Eng. J.*, 101, 217 (2004)

第5章

マイクロ燃料電池システム

5.1 マイクロ燃料電池

　燃料電池は使用される電解質の種類によりアルカリ形燃料電池（AFC）、固体高分子形燃料電池（PEFC）、リン酸形燃料電池（PAFC）、溶融炭酸塩形燃料電池（MCFC）および固体酸化物形燃料電池（SOFC）に分類される。アルカリ形燃料電池は電解質としてアルカリ水溶液を使用するため、燃料中に CO_2 などの酸性ガスが存在するとアルカリ水溶液と反応して電池性能が低下するために、燃料としては純水素に限定される。人類が月面に初めて降り立っておよそ40年の月日がたつが、このとき使用された宇宙船アポロ11号の電源はアルカリ形燃料電池であった。固体高分子形燃料電池やリン酸形燃料電池は、石油や天然ガスなどの炭化水素を改質してできる水素リッチな改質ガスから触媒被毒を起こす原因となるCOを取り除けば使用できるし、溶融炭酸塩形燃料電池や固体酸化物形燃料電池では水素は燃料として使用でき、共存するCOも直接燃料として用いることができる。

　固体高分子形燃料電池は約80℃と低温で作動できるので、起動停止時間が短くなることや、材料面で有利なので、家庭用の分散電源や電気自動車用の電源として注目され、開発が進んでいる。現在開発中の固体高分子形燃料電池の発電効率は 30～35％ といわれている。これは火力発電所の発電効率40％と比較するとまだ低い値である。どちらも発電で変換された電気エネルギー以外の大半のエネルギーは熱エネルギーとなる。大型火力発電所ではボ

イラーの廃熱は海水で冷却され、環境中に廃棄されている。一方、家庭用燃料電池システムでは、廃熱を用いて給湯あるいは床暖房などに利用できる。このように、電気エネルギーと熱エネルギーを並産するシステムをコジェネレーションと呼ぶ。家庭用燃料電池では電気エネルギーと熱エネルギーを総合したエネルギー利用効率は80％に達する。このような背景から家庭用の燃料電池コジェネレーションシステムは限定的ではあるが、市場投入がなされている。燃料電池自動車についても台数はそれほど多くはないが、実際に公道を走ることができる。

　固体高分子形燃料電池は、水素を燃料として酸素によって酸化する過程で、化学エネルギーを直接電気エネルギーに変換して取り出すものである。したがって、水蒸気だけが排気ガスとして環境中に放出されるので、クリーンであり、しかも、理論的には大変高いエネルギー変換を実現できるといわれており、発電効率の点でも注目されている。しかしながら、現在の燃料電池の製造コストは、kW当たり数十万円といわれており、燃料電池自動車では50～100kW、家庭用燃料電池では0.5～1kWの電力が必要なので、普及に向けた目標価格に比べて1桁から2桁の差があり、今後、大幅な技術革新が望まれる。表5-1には各種製品に必要な燃料電池の電力量を示す。

　高機能化が進む携帯電話、ノートパソコン、長時間充電を要するデジタルスチルカメラやデジタルスチルビデオなどのモバイル電子機器用電源としてマイクロ燃料電池が注目されている。これらの製品では必要な電力はワットオーダーから数十W程度であり、燃料電池を電源とした場合の製造コストは

表5-1　燃料電池化が期待される商品の必要電力量

製品名	必要電力量
自動車	50～100 kW
スクーター、自転車	1～10 kW
家庭用燃料電池	500 W～1 kW
自動販売機	1 kW
ノートパソコン	数十～100 W
デジカメ、ビデオカメラ	～5 W
携帯電話	数十 mW～数 W

10Wでは数千円程度となるので、コストの面から実用化が最も期待できる。

現在使われているリチウム電池は電池寿命が短いことや、充電時間などの面で使いにくいところがある。マイクロ燃料電池を用いることができれば、リチウム電池に比べて電池寿命が延び、さらにメタノールなどの液体燃料を補充すれば、発電が持続するので、充電時間を必要としない。このように利便性の面からもマイクロ燃料電池の実用化が有望視されている。

マイクロ燃料電池には、メタノールなどの液体燃料を改質して水素を製造するユニットを組み込んだ改質器付き固体高分子形燃料電池（PEFC）と、基本構成はPEFCと同じであるが、水素の代わりに直接メタノールを供給して、これを電気化学的に酸化するメタノール直接形燃料電池（DMFC）が開発されている。

5.2 燃料電池システム

図5-1は、PEFCおよびDMFC内で起こる電極反応の概略図を示す。PEFCでは、水素イオン（H^+）のみを透過するイオン交換性高分子膜を電解質に用い、白金やその合金を触媒として被覆したアノード（燃料極）およびカソード（空気極）が高分子電解質膜の両面に接した構造となっている。なお、電気化学プロセスでは、電子が電極内部から電極界面に移動して反応をする電極をカソードと呼び、その逆の過程が進行する電極をアノードと呼ぶ。酸性水溶液中の水の電気分解では（5-3）式と逆の反応が起こるので水素イオンとカソードから放出された電子が結合して水素となる。一方、燃料電池では（5-3）式の反応により生成した電子が電極内部を経て外部回路へ流れるのでアノードである。

水素ガスを燃料極側に吹き込むと、燃料極では白金触媒の作用により水素が水素イオンとなって電子を放出する。水素イオンは高分子電解質膜を透過して空気極に達する。電子は外部回路を経由して空気極に達し、ここで酸素と水素イオンと電子が反応して水が生成する。

$$\text{燃料極（アノード）}: 2H_2 \rightarrow 4H^+ + 4e \tag{5-1}$$

$$\text{空気極（カソード）}: O_2 + 4H^+ + 4e \rightarrow 2H_2O \tag{5-2}$$

全体の反応：$2H_2 + O_2 \rightarrow 2H_2O$ (5-3)

一方、DMFC は基本的には PEFC と同じ電極構造を有しており、メタノール水溶液を直接、燃料極側に、酸素（空気）を空気極側に供給することによって発電することができる。

燃料極（アノード）：$CH_3OH + H_2O \rightarrow 6H^+ + CO_2 + 6e$ (5-4)

空気極（カソード）：$(3/2)O_2 + 6H^+ + 6e \rightarrow 3H_2O$ (5-5)

全体の反応：$CH_3OH + (3/2)O_2 \rightarrow 2H_2O + CO_2$ (5.6)

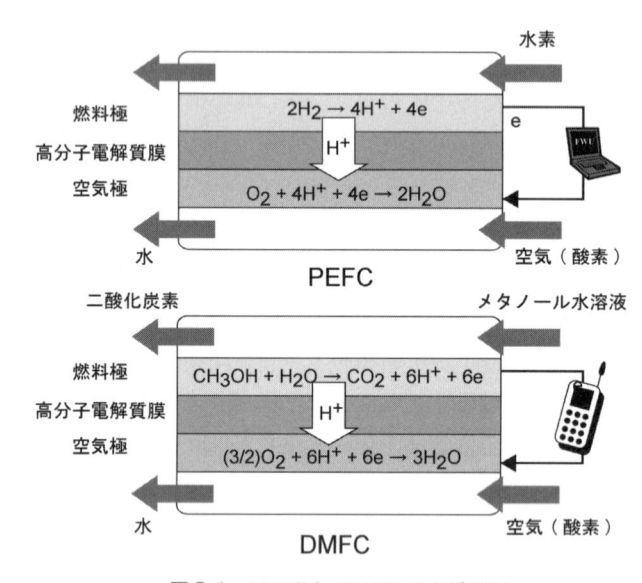

図 5-1 PEFC と DMFC の発電原理

メタノールを直接供給できる DMFC はコンパクトになるので、マイクロ燃料電池に適している。また、燃料としてメタノールを使用するので水素を用いる PEFC よりも理論的には出力密度は高くなるが、実際には (5-4) 式で示されるメタノールの酸化反応速度が非常に遅いため、アノードにおける過電圧が大きくなり、電流を流したときの発電効率は低下する。DMFC でもうひとつ問題となるのは、メタノールがアノードで酸化されないまま高分子電解質膜を透過してカソードに到達するために、空気極でメタノールが酸素と直接反応して水と二酸化炭素を生成し、その結果として出力が低下する問

題がある。これらの問題を解決するためには、電極触媒材料や高分子電解質膜材料の開発が必要である。このような理由から DMFC は消費電力が小さい携帯電話などの電源に適しており、特にポンプやファンを使わずにメタノールや空気を供給するパッシブ型の DMFC の開発が進められている。

PEFC の燃料として水素を使用するのに、ボンベや水素吸蔵合金タンクから水素ガスを取り出して使う方法が考えられるが、モバイル機器の電源としては重量が問題になる。メタノールを燃料とすればコンパクトになるので、メタノールを改質して水素とし、これを PEFC に供給する方式にすれば、出力密度が高いという PEFC の利点を活かすことができる。そこで、メタノールを改質する改質器を小型化するためのマイクロリアクタが開発されている。

5.3 改質システムによる水素製造

燃料電池用水素を製造するための炭化水素源としては、灯油、ガソリン、液化石油ガス、都市ガス、メタノールなどがある。図 5-2 には、これらの燃

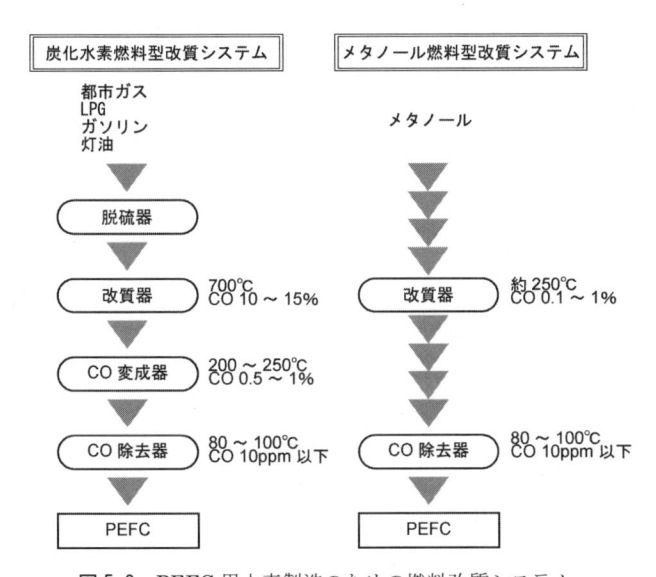

図 5-2 PEFC 用水素製造のための燃料改質システム

料の改質システムの概略図を示す。灯油、ガソリン、液化石油ガスおよび都市ガスを燃料とする場合にはインフラが整備されているので、家庭用燃料電池や燃料電池自動車が利用できる水素ステーション用の改質器に用いる燃料として適しているが、この場合には燃料に硫黄分が含まれているので、始めに脱硫器で除去しなければならない。次に約700℃以上の高温で改質器を用いて水蒸気改質反応を行い、水素リッチな改質ガスを製造する。続いて、改質ガス中のCO濃度が10〜15％と高いので、約200〜350℃程度の温度でCO変成器においてCO変成反応を行い、改質ガス中のCO濃度を1％以下まで低減する。高分子電解質形燃料電池では、COが電極触媒を被毒して発電効率を低下する作用があるために、燃料電池に供給する改質ガス中のCO濃度をppmレベルにまで低減しなければならない。一般的にはCO変成器の後段でCO選択酸化触媒を用いてCO除去を行っている。メタンを例としてこれらの反応式を示す。

$$CH_4 + H_2O \rightarrow 3H_2 + CO \quad 改質反応 \quad (5\text{-}7)$$

$$CO + H_2O \rightarrow H_2 + CO_2 \quad CO変成反応 \quad (5\text{-}8)$$

$$CO + (1/2)O_2 \rightarrow CO_2 \quad CO選択酸化反応 \quad (5\text{-}9)$$

メタノールは毒性物質であるために、個人が使用するマイクロ燃料電池ではハンドリングの問題やインフラの整備などの点で改良すべき点はある。その一方、メタノールは製造段階で既に脱硫されているために、脱硫器が不要である。また、水蒸気改質反応が200〜250℃程度という比較的低い温度で行うことができるので、天然ガスやガソリンなどの炭化水素系燃料改質システムに比べて、起動停止時間を短縮できることや、電源内部からの断熱材の低減により小型化が期待できる。また、改質ガス中のCO濃度は0.1〜1％になるので、CO変成を経ずに直接CO選択酸化を行うことができ、システムをシンプルかつコンパクトに設計することができる。

　燃料が炭化水素、メタノールにかかわらず水蒸気改質反応は吸熱反応なので、反応を持続するためには外部から熱を供給しなければならない。家庭用燃料電池システムではPEFCのアノードから排出される水素を含む気体をバーナーで燃焼して、改質器の熱源としているが、マイクロ燃料電池システムでは、コンパクトなシステムに組み立てるために図5-3に示すように、マ

第5章 マイクロ燃料電池システム

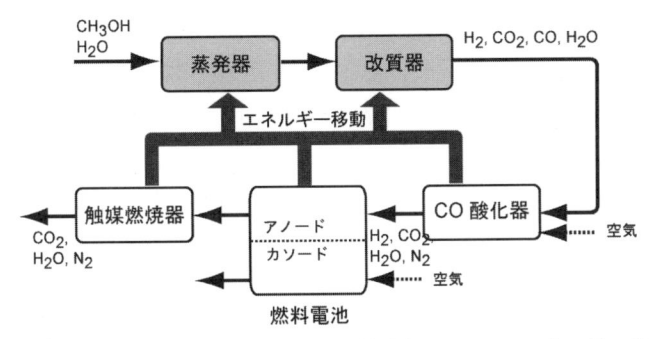

図5-3 メタノール燃料型マイクロ燃料電池システムのエネルギー移動

イクロリアクタを用いた触媒燃焼器が利用される。また、メタノールは液体燃料なので、蒸発のために熱を供給する必要があり、改質器の上流に蒸発器を設置しなければならない。CO除去器には空気を加えて触媒上でCOの選択酸化反応が起こる。また、燃料電池内の反応は水素を電気化学的に酸化している。このようにCO酸化器と燃料電池からも熱が発生するので、これらの熱を有効に利用しなければならない。したがって、発電効率を上げるためには触媒燃焼器とCO酸化器および燃料電池システムで発生する熱エネルギーを、有効に蒸発器と改質器に伝達するシステム設計をしなければならない。

触媒燃焼器から改質器へ熱エネルギーを損失することなく移動させるには、両反応器を一体化した熱交換型マイクロリアクタが有効である。熱交換型マイクロリアクタは図5-4に示すように2室の片側の壁面に改質触媒を、もう一方の壁面には燃焼触媒を被覆したリアクタである。燃焼反応で生成した熱は両室を隔てる壁面を通して移動し、同時に起こる改質反応によって急

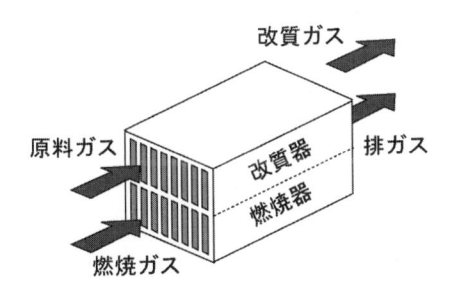

図5-4 熱交換型マイクロリアクタ

速に消費される。マイクロチャネルであれば両室の温度差が50℃以下の条件であっても、熱伝達効率（＝改質反応に利用される熱エネルギー／燃焼反応で生成する熱エネルギー）は0.8以上となる[1]。この値は代表的な熱交換器の熱伝達効率0.6よりも高い値である。

図5-5に示すように、燃焼器、改質器、CO選択酸化器および燃料電池の操作温度は、それぞれ300、250、150および80℃である。したがって、原料のメタノールと水は100℃以上の温度で蒸発させ、できるだけ温度を上げて改質器に供給する必要がある。また、改質器から出た改質ガスは250℃から150℃まで温度を下げてCO選択酸化器に供給することが望ましい。したがって、マイクロリアクタから外部への熱損失を低減する必要があると共に、

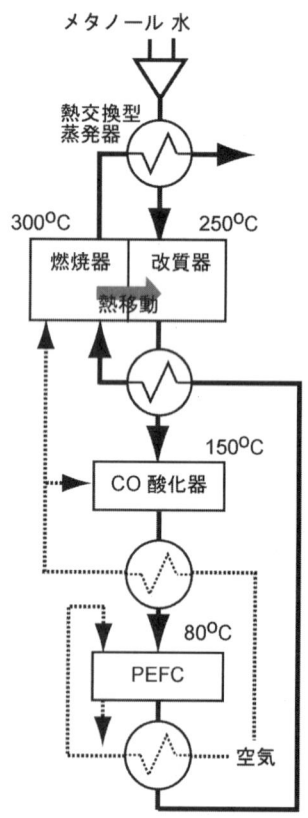

図5-5　マイクロ燃料電池システムにおける熱交換フロー

高温流体と低温流体との間の熱交換効率がよくコンパクトなシステムとするために種々のマイクロ熱交換器が設計されている[2]。流体-流体間で損失なく熱を伝達させるためには、熱交換器の固体壁の熱伝導度の影響が無視できず、最適な熱伝導率を持つ材質を選択するか、固体壁の厚さを最適化しなければならない。実際のマイクロ熱交換器では両端の流体分散部、配管あるいは熱交換器表面からの放熱損失についても考慮する必要がある。

　マイクロリアクタを発熱の激しい反応に適用する場合には、反応場から熱を急速に除去することが必要である。この場合には、マイクロ熱交換器の伝熱速度が重要であり、熱交換器を構成する材料からの放熱は問題ではない。したがって、熱伝導率の高い金属製のマイクロ熱交換器が効果的である。この種のマイクロ熱交換器は反応器以外にもCPUやパワー半導体などのチップの冷却[3]や粒子ビーム加速器のターゲットの冷却[4]への適用が期待される。

　マイクロ改質器による水素製造については多くの報告がある[5,6]。シリコン基板は機械的強度に問題があるために集積化には適していない。そのためシリコン基板を用いたマイクロ改質器では4cm×4cmほどの面積に、一本の屈曲したマイクロチャネルを配置することで、メタノール改質により20W以下のマイクロ燃料電池に相当する水素が製造できる。一方、複数のマイクロチャネルを持つ金属基板を集積化したマイクロ改質器では、メタノール改質することで、数百～数kWの燃料電池に相当する水素を製造することができる。

　炭化水素の改質では改質ガス中のCO濃度が高く、メタノールの改質反応でも触媒によっては改質ガス中のCO濃度が1%を超える場合がある。この場合、CO濃度を低減するために水性ガスシフト反応を行うCO変成器が必要である。家庭用燃料電池システムでは、触媒充填床反応器の改質器、CO変成器、CO選択酸化器が配置されているが、CO変成器が最も体積が大きい。このCO変成器をマイクロリアクタにすることでシステムのコンパクト化が期待できる。

　選択的CO酸化反応では、同時に水素の触媒酸化反応が起こるために燃料水素の損失が起こる。これを防ぐためには反応器内の温度分布が狭くなるよ

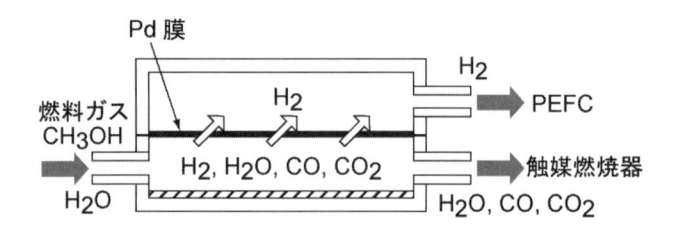

図5-6 マイクロメンブレンリアクタ

うに制御する必要がある。その点でマイクロリアクタはCO選択酸化器として適している。CO除去をするための新しい試みとしてマイクロメンブレンリアクタがある。図5-6に示すように、改質器内にパラジウム系膜を設置すると、パラジウム系膜は水素ガスを選択的に透過し、それ以外の気体は透過しないので、パラジウム系膜の供給側にメタノールと水を供給し、改質反応を行えば、水素、二酸化炭素、一酸化炭素が生成するが、水素だけが膜を通して透過側に透過するので、純水素をPEFCに供給することができる。したがって、CO変成器やCO選択酸化器が不要になる。膜型反応器から排出される改質ガスには水素と一酸化炭素が残っているので触媒燃焼器で燃焼される。パラジウム系膜を用いたメンブレンリアクタは数多くの利点がみられるが、パラジウム系膜は水素脆化特性があるので注意が必要である。

カシオ計算機[7]では、ノートパソコンなどの携帯機器に搭載できる小型・高出力のメタノール改質型燃料電池を開発している。メタノールから水素を取り出すマイクロ改質器モジュール（54.3mm×38.6mm×9.1mm、31.2g）は、断熱用パッケージ内に改質器と改質ガス精製器、温度センサーなどを1チップに統合したコンパクトな構造であり、パッケージの断熱性能は内部温度280℃で外表面温度を40℃にすることができる。起動時間6秒で定常運転に入り、生成した改質ガスを燃料電池セル・スタック（体積22mL、縦65×横18×高さ19mm、46g）に送ることで、13.9V、1.4A、19.4Wの発電を実現している。

マイクロ燃料電池については、メタノールを燃料とするDMFCや改質型PEFCの開発が先行してきたが、最近では、水素ガスを直接導入する方式やメタノール以外の化学物質を使用する方式の研究開発が盛んになってきてい

る。水素化ホウ素ナトリウム（NaBH$_4$）は常温、触媒存在下で加水分解して水素を放出する物質であり、安全性も高く、この方式のマイクロ燃料電池の開発が進められている[8]。

$$NaBH_4 + 2H_2O \rightarrow NaBO_2 + 4H_2 \qquad (5\text{-}10)$$

Seiko Instruments 社[9]は、30％水素化ホウ素ナトリウムを原料として、25％リンゴ酸水溶液を酸触媒に用いたパッシブ型燃料電池（10 W）を開発している。水素化ホウ化ナトリウムを用いた燃料電池は CO$_2$ の発生がなく、常温作動が可能で、ガス圧による制御なのでポンプやヒーターを必要としないなどの特徴がある。

5.4　構造体触媒

改質型 PEFC を実現するためには、改質反応、CO 酸化反応および触媒燃焼反応の3つの気相触媒反応をマイクロリアクタで行うことになる。そこで、触媒反応にマイクロリアクタを使用することの利点について考えてみる。

触媒反応器として最も一般的な充填床反応器では図 5-7 に示すように、多孔質固体触媒の空隙に流体（原料）を流した状態で触媒反応が進行する。流体の流れは反応性に大きく影響し、例えば反応器内を流体の一部が高速で吹

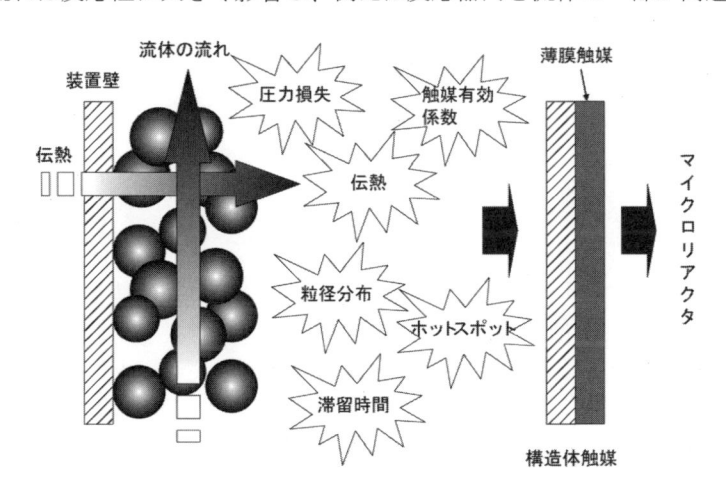

図 5-7　粒状触媒と構造体触媒

き抜けるような流れ（チャネリング）や流体が停滞する領域（デッドボリューム）を形成することがある。このような不均一な流れの状態では反応率が低くなる。したがって、流れを均一にして反応性を向上させるためには、触媒粒子の粒子径分布を均一にすることや、流体の供給方法、触媒の充填方法に工夫が必要である。反応は触媒上で進行するので、そのために触媒粒子の粒径を小さくして比表面積をあげることは効果的ではあるが、極端に小さなサイズにすると流体の圧力損失が問題となる。

　反応性の制御には、物質の流れと同時に温度制御が重要である。充填床反応器では、装置の外側から加熱して反応温度を制御し、発熱反応であれば冷却管を充填床内に挿入して除熱を行う。いずれにせよ半径方向の伝熱が重要である。触媒を充填した構造では、充填した触媒間が点接触に近い状態となるので伝導伝熱性が低く、比較的伝熱速度は遅い。ときには、ホットスポットの問題も発生する。充填床反応器にみられるこれらの問題点を克服するひとつの方法として、モノリスを代表とする構造体触媒がある。流れの均一性、伝熱特性、圧力損失などが改善され研究も盛んである[10]。マイクロリアクタで触媒反応を行う場合には、リアクタ壁面に触媒を被覆することで、伝熱および物質移動速度がさらに向上し、反応器体積当たりの触媒比表面積が増大する。マイクロリアクタは触媒の持っている機能を最大限に発揮する反応場として機能する。

5.5　マイクロチャネルへの触媒被覆法

　酵素反応や液相触媒反応系では、樹脂製あるいはガラス製のマイクロリアクタが使用される。この場合には液体のハンドリングが重要なので、リアクタ表面を親水化あるいは疎水化するための修飾法が研究されている。気相触媒反応は一般に高温反応であるために、リアクタの材質としてはガラス、金属あるいはセラミックスが使われる。ガラス基板へのマイクロ構造の形成にはリソグラフィーと湿式エッチングが使われ、金属基板ではエッチング法に加えて、精密機械切削技術が適用できる。セラミック製リアクタはレーザ造型法で作製した鋳型を利用する方法[11]がある。

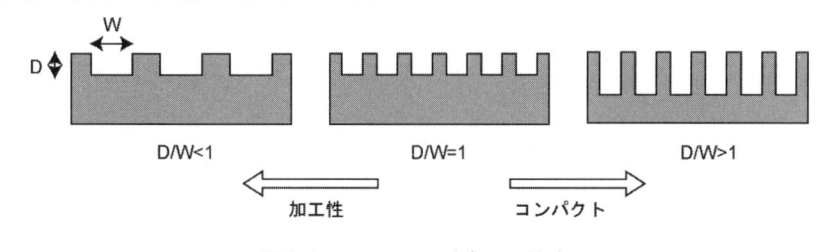

マイクロチャネルの構造と触媒被覆との関係について図5-8を用いて説明する。マイクロチャネルのチャネル当たりの流体流量を増加させるためにチャネルの幅を広げる場合と、深さを深くする場合について考える。マイクロチャネルの加工の点でみると、幅を広げる方法は容易であるが、この場合には基板そのものが大きくなる。一方、チャネルを深くする方法は、基板面積を変えずに流体流量を大きくすることができる。したがって、均相反応系では深溝型マイクロリアクタが有利である。しかしながら、マイクロチャネルの底面に触媒を被覆したとして、チャネル断面積当たりの触媒表面積で比較した場合には深溝型マイクロリアクタは不利になる。したがって、コンパクトな深溝型マイクロリアクタを活かすためには、マイクロチャネルの側面に触媒を被覆できる方法が望まれる。

図5-8 マイクロチャネルの構造

マイクロチャネルを含めた構造体触媒への触媒調整法には物理気相成長法（PVD法）や化学気相成長法（CVD法）、ゾルゲル法などがある[12]。マイクロチャネルへの触媒調整法を整理し、図5-9に示す。触媒活性成分を基板表面に析出するためには、表面を多孔質化する前処理が必要である。多孔質化した層は触媒担体として使用する以外に、基板を多孔質化することによって、その上に被覆する触媒との密着性をよくする目的がある。

前処理法のひとつとして陽極酸化法がある。陽極酸化法はアルミニウム基板あるいはアルミニウムを含む合金基板（AlMg、AlMgSi）を電極として、電解酸化反応を行うことによって表面に多孔質酸化アルミナ層を形成する方法である。生成した陽極酸化アルミナに水熱処理と熱処理をすると表面積を増加することができる。形成した酸化アルミナ層は条件によってはその厚さが $10\mu m$ のオーダーまで成長するので、直接触媒活性成分を含浸して触媒と

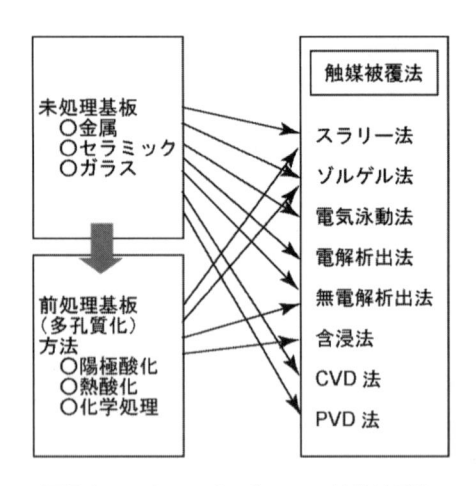

図5-9 マイクロチャネルへの触媒被覆法

することができる。熱酸化法は基板を酸化雰囲気で熱処理する方法であり、FeCrAl 基板の前処理によく使われる。FeCrAl 基板では840℃で熱処理することで約 $1\mu m$ の酸化層が形成する。SiC 基板を用いる場合には1500℃の加熱で SiO_2 層が形成できる。いずれにせよ、陽極酸化法ほど膜が成長しないので、密着性向上のための前処理法として使われる。また、化学処理法は金属基板を酸処理することで表面の粗さを調製できる。シリコン基板ではアルカリ処理によりエッチングや酸化が起こる。

　液相法による触媒被覆法としてはスラリー法がある。これは代表的な構造体触媒であるモノリス触媒で採用されている方法であり、触媒あるいは触媒担体の微粒子をバインダーと共に水に懸濁させた液を基板上に被覆し、焼成する方法である。マイクロチャネルに適用する場合には、チャネル内にスラリーを満たし、それから乾燥させて焼成するために、チャネルの底部だけ被覆されて、側面部への被覆が困難である。

　ゾルゲル法では金属アルコキシドを用いたゾルを使えば、比較的低い温度で多孔質セラミックを形成することができる。また、貴金属塩を含むゾルを調製すれば、含浸法などを行わずに分散性のよい貴金属坦持触媒を一段で被覆できる。しかしながら、ゾルゲル法では均一な被覆ができるが、膜の厚さは数マイクロメートル程度が限界であり、厚い膜を被覆した場合にはクラッ

クが入る場合が多い。

ゾルをバインダーとして用いて触媒微粒子あるいは触媒担体微粒子を懸濁させ被覆する方法では、多くの種類の触媒を利用できるし、十分な膜厚で均一な層を形成することができる。しかし、ゾルとの組み合わせによっては、触媒活性が低下する場合もあるので注意が必要である。

荷電した酸化アルミナコロイド粒子を電場内で電気泳動により電極（基板）に堆積させる電気泳動法や、電解析出法、無電解メッキ法はいずれも金属基板に有効な方法であるが、マイクロチャネルへの適用例は少ない。CVD法では、マイクロチャネル内にアルミニウムトリイソプロポキシド蒸気を流通させて、酸素存在下300℃でアルコキシドを分解させて均一なアルミナ層を被覆させた例がある[13]。この方法はふたをして閉じたマイクロチャネル内でも均一な被覆ができる。PVD法としては陰極スパッタ法が用いられ、金属基板あるいは多孔質基板上に直接、白金やパラジウム、銀などの触媒金属がスパッタにより被覆できる。

マイクロチャネル内への触媒被覆については、チャネル作製工程やチャネル形成後にふたを取り付ける接合工程との関連について注意をする必要がある。図5-10は、触媒被覆工程をチャネル作製工程に組み込んだ例である．(A)法では，シリコン基板上にレジストを塗布した後、光リソグラフィー法によりマイクロチャネルとなる部分のレジストを除去し、さらに湿式エッチングでマイクロチャネルを形成する。この基板上にスピンコート法でγ-アルミナ層を被覆し、その上にもう一度フォトレジストを塗布して現像を行い、今回はマイクロチャネルの部分だけレジストを残す。このレジストを保護層として、チャネル部以外のγ-アルミナ層をリン酸水溶液で除去すれば、マイクロチャネル部分に触媒を被覆することができる[14]。一方、(B) 法は精密機械切削によるリアクタ作製／触媒調製法である。この場合には基板全体に保護膜（フォトレジストあるいは金属箔）を形成し、その後、径が100～500μm程度のマイクロエンドミルを用いて切削することでマイクロチャネルを作製する。この上にスピンコート法でベーマイト層を形成させ、乾燥後に保護膜を除去する。最後に、焼成することでマイクロチャネル内に触媒層が形成できる。この方法はゾルゲル法以外にウォッシュコート法、CVD法、PVD法

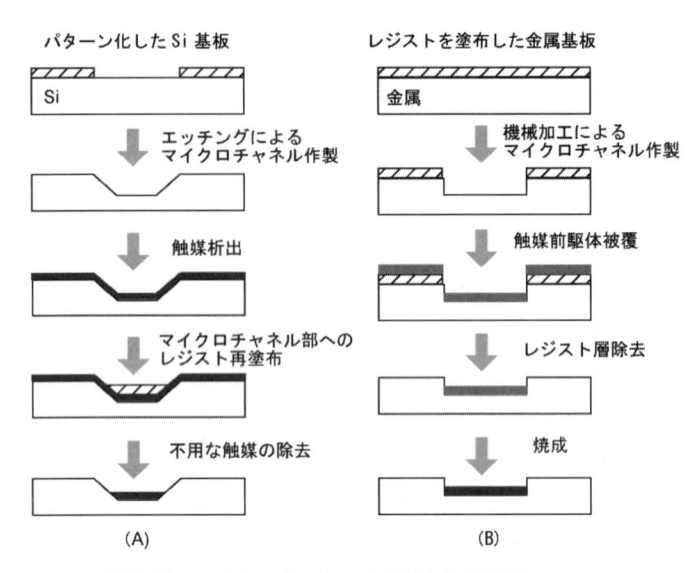

図 5-10 マイクロチャネルの作製と触媒析出

による被覆も可能である。

　マイクロリアクタを完成させるには、マイクロチャネルを作製した基板にふたとなる基板を接合しなければならない。シリコンウエハとパイレックスガラスとは陽極接合法で、ガラス同士は融着法で、金属同士は拡散接合法で接合できる。図 5-11 に示すように、触媒を被覆したあとで接合するときには、

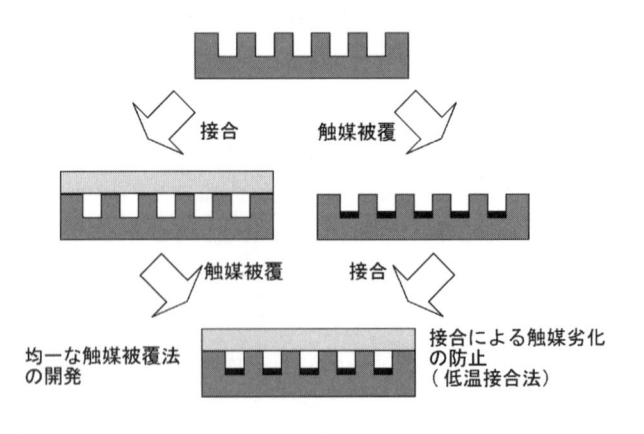

図 5-11 触媒被覆と接合

接合温度が高いことで触媒活性が低下することがないように、触媒焼成温度より接合温度が低いことが望ましい。

触媒にダメージを与えずに接合する方法として金属製のマイクロリアクタではレーザ溶接法がある。また、マイクロリアクタを完成させた後に、アルミナゾルやゼオライト合成用プレカーサー液をマイクロチャネル内に流し込み、その後、焼成あるいは水熱合成する方法がある。この方法は複雑な形状を持つチャネルの中に均一に触媒層を被覆するには工夫が必要である。しかしながら、マイクロリアクタが完成していれば、リアクタ内の反応雰囲気を自在に変えることができるので、CVD法やPVD法などの気相法では、酸化、還元雰囲気あるいは減圧下での触媒調製が可能である。また、液相法では超臨界条件下での触媒調製などが考えられる。

5.6 マイクロ構造体触媒

粒状触媒の問題点は圧力損失であった。粒径 $50\mu m$ 程度の触媒粒子を数百 μm サイズのマイクロチャネルに充填したマイクロリアクタの例もあるが、この場合には充填方法に注意をしないと偏流などが問題となる。図 5-12 に示すように、針状の触媒を充填すると、それぞれの充填物の隙間がマイクロチャネルとして働く。Cu、Zn および Al を含む合金線のアルミ成分を溶出させることで多孔質化した針状触媒を充填したマイクロリアクタによるメタノールの酸化的改質反応が報告されている[15,16]。

$$4CH_3OH + 3H_2O + 0.5O_2 \rightarrow 4CO_2 + 11H_2 \qquad (5\text{-}11)$$

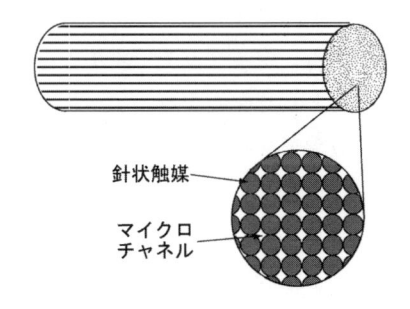

図 5-12　針状触媒の空隙をマイクロチャネルとしたマイクロリアクタ

この反応は外部からの熱の供給や冷却を必要としないが、酸化反応の反応速度が早いために、反応器入口で高温となり、反応器の中央から下流にかけて改質によるエネルギー消費が必要となる。針状金属を触媒として用いることで軸方向の伝熱が促進されるので均一な温度分布を得ることができる。そのほかに金属ファイバーをグリッド状あるいはランダムに織り込んだフェルト状とした触媒を使用した研究例が報告されている[16]。

5.7 マイクロリアクタを用いた気相反応

マイクロ燃料電池システムでは、炭化水素の水蒸気改質反応、CO 変成反応、CO の選択酸化反応、有機物の触媒燃焼についてマイクロリアクタを適用した。表5-2 には、そのほかの気相反応についてマイクロリアクタを用いた研究を整理し、その反応式を示す。マイクロリアクタは流れが層流であることや高い伝熱速度を持つなどの特徴を持つので、この特徴を最大に活かせる反応系として酸化反応に適用した報告が多い。有機物の部分酸化によるエポキシの合成などは興味深い。この反応は酸化が進めば二酸化炭素と水になる。したがって、部分酸化反応を発熱の大きい逐次反応としてとらえると、リアクタ内をできるだけ等温で操作し、短時間で反応が終結できるように、マイクロリアクタを用いた伝熱、反応および流体の滞留時間の精密な制御が必要である。

マイクロリアクタは、可燃物や爆発性を持つ気体を扱う反応系に適している。そのために高濃度酸素を使用する酸化反応に加えて、水素化反応への適用も進められている。酸化反応では、ラジカル反応がいったん暴走を起こすと制御が効かない場合がある。マイクロチャネルの壁面はラジカル停止反応に有効なので安全な反応器として機能する。危険物を扱った反応例としてはアンドルッソー合成によるシアンの合成や、ホスゲン合成などが報告されている。

表 5-2 マイクロリアクタを用いた気相反応

酸化反応	反応式
アンモニア酸化[17]	$NH_3 \xrightarrow{O_2/Cat.} N_2O + (NO + N_2)$
エチレン酸化[18]	$CH_2=CH_2 \xrightarrow{(1/2)O_2}$ エチレンオキシド
1-ブテン酸化[19]	1-ブテン $\xrightarrow{O_2}$ 無水マレイン酸
メタノール酸化[20]	$CH_3OH + (1/2)O_2 \xrightarrow{Ag\ Cat.} HCHO$
アルコール酸化[21]	$R-CH_2OH + (1/2)O_2 \xrightarrow{Ag\ Cat.} R-CHO$
プロペン酸化[22]	プロペン $+ O_2 \xrightarrow{Cu_2O\ Cat.}$ アクロレイン
イソプレン酸化[23]	イソプレン $+ (5/2)O_2 \rightarrow$ メチル無水マレイン酸
メタン部分酸化[24]	$CH_4 + 2O_2 \rightleftarrows CO_2 + 2H_2O$ $CH_4 + H_2O \rightleftarrows CO + 3H_2$ $CO_2 + 2H_2 \rightleftarrows CO + 2H_2O$
アンドルッソー合成[25]	$CH_4 + NH_3 + (3/2)O_2 \xrightarrow{Pt} HCN + 3H_2O$
水素酸化[26]	$2H_2 + O_2 \rightarrow 2H_2O$
メチルイソシアナート合成[27]	$Me-NH-CHO \xrightarrow{O_2/Ag} Me-N=C=O$

水素化反応	反応式
シクロヘキサンの水素化、脱水素 [28]	シクロヘキセン + H_2 →(Pt) シクロヘキサン；シクロヘキサン →(Pt) ベンゼン + $2H_2$
c,t,t-1,5,9-シクロドデカトリエンの水素化（シクロドデセンの合成）[29]	CDT ⇌(H_2) [CDD] ⇌(H_2) [desired CDE] ⇌(H_2) CDA
1,5-シクロオクタジエンの水素化（シクロオクテンの合成）[30]	1,5-COD ⇌ 異性体 →(H_2/Pd) シクロオクテン(desired) →(H_2/Pd) シクロオクタン
ベンゼンの水素化[31]	ベンゼン →(H_2/Pd) シクロヘキセン(desired) →(H_2/Pd) シクロヘキサン
脱水素反応	反応式
プロパンの脱水素[32]	プロパン →($\gamma\text{-}Al_2O_3$/(Pt,Sn)) プロペン + H_2
シクロヘキサンの脱水素[33]	シクロヘキサン →(Pt) ベンゼン + $3H_2$
置換反応	反応式
アルカンの塩素化[27]	$C_nH_{2n+2} + Cl_2 \longrightarrow C_nH_{2n+1}Cl + HCl$

脱離反応	反応式
2-プロパノールの脱水反応[34]	$\text{2-propanol} \xrightarrow{\gamma\text{-}Al_2O_3} \text{propene} + H_2O$ $\text{2-propanol} + \text{2-propanol} \xrightarrow{\gamma\text{-}Al_2O_3} \text{diisopropyl ether} + H_2O$

付加およびカップリング反応	反応式
ホスゲン合成[35]	$Cl_2 + CO \xrightarrow{C} COCl_2$
メタンの酸化的カップリング[36]	$CH_4 + O_2 \xrightarrow{LiAlO_2} H_2, CO, CO_2, H_2O,$ ethane, ethylene, acetylene, propane

参考文献

[1] D. Reuse et al., *Chem. Eng. J.*, 101, 133 (2004)
[2] T. Stief, O.U. Langer, K. Schubert, *Chem. Eng. Technol.*, 22, 297 (1999)
[3] C.W. Liu et al., *Sensors and Actuators A*, 130-131, 575 (2006)
[4] H. Hirshfeld et al.: *Nuclear Instruments and Methods in Phys. Res.*, A, 562, 903 (2006)
[5] A. Kundu et al., *J. Power Sources*, 170, 67 (2007)
[6] M.V. Kothare, *Comp. Chem. Eng.*, 30, 1725 (2006)
[7] カシオ計算機ホームページ：http://www.casio.co.jp/
[8] J.-H. Wee, *J. Power Sources*, 155, 329 (2006)
[9] Seiko Instruments 社ホームページ：http://www.sii.co.jp/info/fuelcell1.html/
[10] A. Cybulski and J.A. Moulijn, "Structured Catalysts and Reactors", CRC press (2005)
[11] R. Knitter, D. Göhring, P. Risthaus, J. Haußelt, *Microsystem Technol.*, 7, 85 (2001)
[12] V. Hessel, P. Angeli, A. Gavriilidis, H. Löwe, *Ind. Eng. Chem. Res.*, 44, 9750 (2005)

[13] M.T. Janicke et al., *J. Catal.*, **191**, 282 (2000)
[14] K. Kusakabe, D. Miyagawa, Y. Gu, H. Maeda, S. Morooka, "Microreaction Technology", Springer, (2002), 70
[15] C. Horny, L. Kiwi-Minsker, A. Renken, *Chem. Eng. J.*, **101**, 3 (2002)
[16] L. Kiwi-Minsker, A. Renken, *Catal Today*, **110**, 2 (2005)
[17] E.V. Rebrov et al., *Catal. Today*, **69**, 183 (2001)
[18] H. Kestenbaum et al., *Ind. Eng. Chem. Res.*, **41**, 710 (2002)
[19] S. Kah, D. Hönicke, "Microreaction Technology", Springer, (2002) 397
[20] E. Cao et al., "IMRET-6", AIChE Pub., (2002) 76
[21] O. Wörz et al., *Chem. Eng. Technol.*, **24**, 138 (2001)
[22] W. Ehefeld et al., "Microreactors",Wiley-VCH, (2000)
[23] S. Walters et al., "Proceedings of IMRET-4", (2000) 209
[24] M. Fichtner et al., *Ind. Eng. Chem. Res.*, **40**, 3475 (2001)
[25] V. Hessel et al., "Microreaction Technology", Springer, (2000) 152
[26] G. Veser, *Chem. Eng. Sci.*, **56**, 1265 (2001)
[27] V. Hessel, H. Löwe, *Chem. Eng. Technol.*, **26**, 391 (2003)
[28] H. Surangalikar et al., *Chem. Eng. J.*, **90**, 1 (2002)
[29] G. Weissmeier, D. Hönicke, *Ind. Eng. Chem. Res.*, **35**, 4412 (1996)
[30] H. Dietzsch et al., "Proceedings of IMRET-4", (2000) 89
[31] A. Kursawe et al., "Microreaction Technology", Springer, (2000) 213
[32] Wolfrath et al., "Microreaction Technology", Springer, (2002) 192
[33] F. Jones et al., "Proceedings of IMRET-4", (2000) 400
[34] S. Rouge et al., *Chem. Eng. Sci.*, **56**, 1419 (2001)
[35] S.K. Ajmera et al., *AIChE J*, **47**, 1639 (2001)
[36] D. Göhring et al., "Proceedings of IMRET-6", (2002) 55

第6章

液相系の反応への応用

　液相で進行する反応の数は極めて多い。特に有機合成反応のほとんどは液相で進行するが、反応の種類によっては、その収率が原料となる液体同士の混合速度に大きく依存するものもある。そのような反応は、マイクロリアクタを利用した高速混合によって収率の向上を図ることができる。また、しばしば有機反応は強い発熱を示す場合がある。重合、ニトロ化などはその代表例である。反応の発熱が大きいと反応場の温度が一定とならず、副反応を生じて収率を低下させることがある。このような場合にはマイクロリアクタを利用して温度を一定に保つことで、収率を向上できることが多く実証されている。また、液相での重要な操作のひとつに微粒子の合成がある。微粒子の合成は気相でも行われるが、液相で合成されるものも多い。微粒子の合成においては原料となる物質の混合方法が最終製品の性質を大きく左右する。マイクロリアクタで混合速度や滞留時間を精密に制御することは微粒子合成の観点からも大きな魅力であるといえる。この章では、マイクロリアクタを利用した液相系の反応や微粒子合成の事例を紹介する。

6.1 温度制御性の利用

　発熱が強い反応であっても、マイクロリアクタを利用すると等温に近い条件での操作が可能になるため、副反応の発生や生成物の分解を抑制できる場合がある。この特徴を利用した事例のいくつかを紹介する。

6.1.1　フェノールのニトロ化

　ニトロ化反応は強い発熱反応である。また、目的とする物質以外の各種ニトロ化物が副生し、それらが爆発、分解を起こす可能性があるために化学工業で扱う反応の中でも極めて難しいものとされている。フェノールに対して硝酸をゆっくりと滴下した場合における反応を熱量計の中で実施すると、55℃の温度上昇が見られたとの報告がある。熱量計とは、装置内部の試料からの発熱や吸熱量を計測するための装置であり、内部の温度を一定に保つための制御機構（ヒータやクーラー）を備えている。試料が発熱あるいは吸熱を示せば温度制御機構にかかる負荷が変動するので、負荷の変動を計測しておけば、発熱量や吸熱量を計測することができる。正確に熱量変化を捉えるには、温度変動を最小限に抑える必要があり、市販の熱量計は強力な温度制御機構を備えている。このような温度制御機構を備えた装置においても55℃の温度上昇が見られるような反応を工業スケールで実施することは危険性が高い。

　さらにこの反応は自己触媒的に進行する。硝酸との混合後は反応はゆっくりとしか進行しないが、反応生成物が増えるにつれて反応速度も大きくなっていく。このため混合後しばらく時間が経過した後に温度が急激に上昇する。すなわち、試薬添加開始の影響は、しばらく時間が経過した後に初めて温度に現れる。このような装置は試薬添加量を調節して温度を一定に制御することは難しい。

　この反応を代表径 0.5mm のガラス製マイクロリアクタで実施すると、モノニトロトルエンの収率が向上することが確認されている[1]。これは従来の反応装置よりも温度をより均一にできたことがひとつの原因である。

6.1.2　フリーデル・クラフツ反応

　フリーデル・クラフツ（Friedel-Crafts）反応によって芳香族をアルキル化する反応についての報告がある。モノアルキル化を目的として芳香族のアルキル化を行うと、ポリアルキル化も同時に進行する。Suga らは、N-アシルイミニウム（Acyliminium）イオンと芳香族化合物との反応によるアルキル化反応（図 6-1）にマイクロリアクタを利用する効果を検討している[2]。

フラスコでの合成実験では、モノアルキル化反応の生成物の収率は50％にすぎなかった。これに対して、IMM社のマルチラミネーションタイプのマイクロリアクタを利用して実施したところ、その収率が96％に達することが示されている。

　高い収率が得られた原因としては、フリーデル・クラフツ反応によって発生する大量の反応熱を効率的に除くことができたためであると考察している。

　マイクロリアクタを利用した場合に、収率が向上するという事例は、図6.1に示す芳香族化合物のほか、チオフェンやフラン、ピロールを用いてもモノアルキル化合物の反応収率向上効果が確認されている。

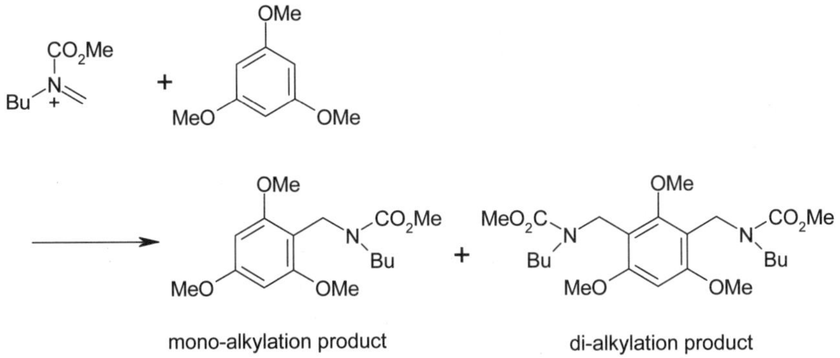

図 6-1　フリーデル・クラフツ反応[2]

6.1.3　トルエンの直接フッ素化

　フッ素ガスを使って芳香族化合物を直接フッ素化する反応は、複数の生成物を生じやすいほか、極めて強い発熱を示し爆発するおそれがある。工業的にはいくつかの反応を経てフッ素化を実現するシーマン（Schiemann）反応などが用いられている。近年直接フッ素化技術の研究が進められてきたが、過去に成功した例では発熱量の影響を抑えるために、反応温度と原料濃度を極めて低くする方策が採用されている。

　このような反応に対してマイクロリアクタを適用した場合、気液接触時の物質移動を促進できるほか、反応熱を高速に除去することが可能となる。

Jähnisch らは、図 6-2 に示す濡れ壁型マイクロリアクタ (Falling film microreactor) および気泡塔型マイクロリアクタ (Micro bubble column) を利用してトルエンの直接フッ素化について検討している[3]。濡れ壁型マイクロリアクタは $100×300\,\mu m$ の溝を多数有する垂直の壁があり、液体であるトルエンを流下させることで数十 μm の液膜にする。ここで使用したものは、最大で $40000\,m^2 \cdot m^{-3}$ の比表面積を持つ液膜を形成させることができる。気泡塔型マイクロリアクタはマイクロ流路の断面が $50×50\,\mu m$ および $300×100\,\mu m$ の二とおりを使用している。比較のために石英製の実験室用気泡塔を利用した直接フッ素化実験を行って、その結果をみたところ、濡れ壁型では、収率と選択率が共に最も高く、シーマン反応で得られる値に匹敵することが示されている。また、実験室用気泡塔では反応の進行に 3 時間程度要していたが、濡れ壁型マイクロリアクタや気泡塔型マイクロリアクタ

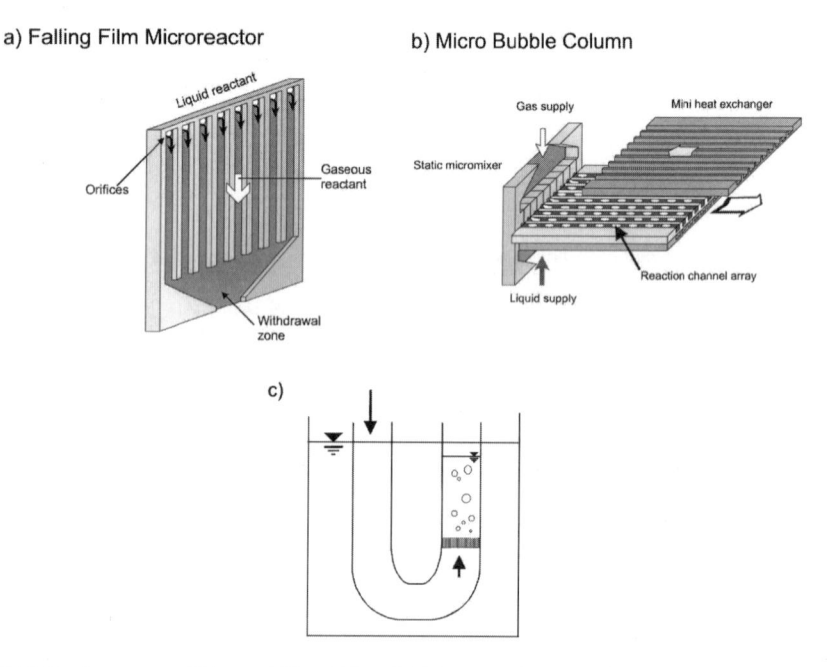

図 6-2　トルエンの直接フッ素化の研究で使用された反応装置。a) falling flim reactor, b) micro bubble column, c) 実験室用気泡塔。Reprinted from [3]. Copyright (2000), with permission from Elsevier.

では、数秒で反応が終了しており、反応器の時間当たりの生産量（Space-time yields）が極めて大きな値となることが示されている。

6.1.4 ラジカル重合

ラジカル重合は各種の官能基を持つモノマーの重合に適用できる手法であり、工業的に極めて重要である。しかし、ラジカル重合は発熱量が極めて大きな反応である。このため従来の大型装置では反応器内部の温度が均一にならず、得られるポリマーの重合度分布が広くなってしまう。

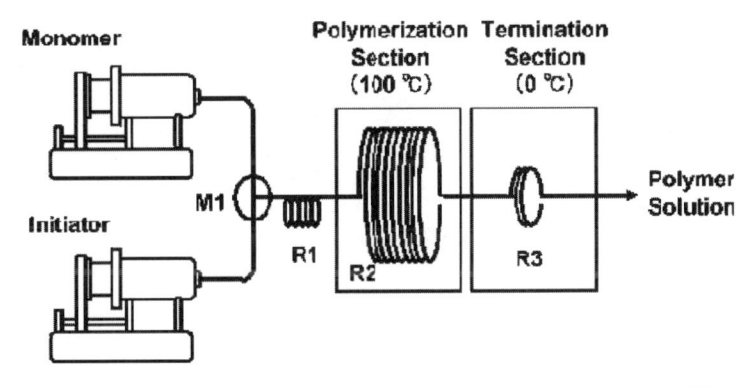

Iwasaki らは、ラジカル重合をマイクロリアクタで実施することで反応場の温度を均一に保ち、重合度分布を狭くできることを示している[4]。図 6-3 は、ここで使用された実験装置である。T 字ミキサで原料を混合した後に恒温槽に浸した内径 500μm のステンレスチューブ内部を流通させている。実験では、ブチルアセテート（BA）、ベンジルメタクリレート（BMA）、メチルメタクリレート（MMA）、ビニルベンゾエート（VBz）、スチレン（St）の 5 種のモノマーのフリーラジカル重合を、図 6-3 に示す装置と 16.5 mL の容積を持つ容器で行い、得られるポリマーの Polydispersity index（PDI）を比較している。PDI とは、数平均分子数に対する重量平均分子数の比であり、重合度分布が揃っていると 1 になるが、分布が広い場合には 1 よりも大きくなる。実験をそれぞれ行ったところ、BA、BMA、MMA では、

図 6-3 ラジカル重合反応用の実験装置。Reprinted with permission from [4]. Copyright (2005) American Chemical Society.

マイクロリアクタを使用した場合に PDI が 1 により近くなることが明らかになっている。VBz と St の重合では、PDI の変化は見られなかった。これは BA、BMA、MMA では重合速度が極めて速いために発熱速度が大きく、除熱速度を向上させることが温度を均一に保つ上で極めて重要であるためである。VBz と St の場合には、反応速度が遅く、発熱速度がより緩慢であるために内容積 16.5 mL の容器であっても温度がほぼ均一になっている。

6.1.5　医薬品中間体の合成例

　医薬品は多くの有機反応を利用して合成されるが、その中には発熱の大きな反応もある。それらの反応から放出される反応熱は、その収率を低下させてしまう場合がある。Choe らは、一級アミンの Boc 保護基導入反応を高速で進行する発熱反応の例として取り上げた検討を行っている[5]。ここでの反応を図 6-4 に示す。使用したマイクロリアクタは IMM 社のインターディジタル型マイクロミキサであり、液体クロマトグラフィー用のポンプを利用した送液を行っている。基質と$(Boc)_2O$ を含む溶液と、触媒となる KOH 水溶液をこのマイクロリアクタで混合した結果、最大収率 97% を達成できたと報告している。バッチ反応の実験では、温度が制御できないことと、原料および生成物が反応器内部に長時間滞在するために副生成物が多く生じる。よって分離精製工程を導入する必要があるだけでなく、副生成物として失われる原料も多い。マイクロリアクタによって高純度の製品を合成できれば、分離精製工程の簡略化および原料ロスの削減につながると期待される。また、この実験で使用したマイクロミキサを 25 個使用したナンバリングアップによって、工業生産レベルの処理量を達成できるとも述べられている。

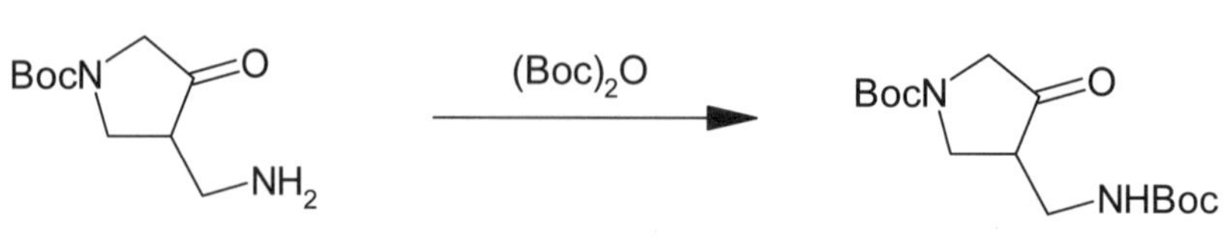

図 6-4　一級アミンへの保護基導入反応[5]

6.2 高速混合速度の利用

混合速度が収率に敏感に影響する反応についても、高速混合用マイクロリアクタを利用すると、収率の向上が期待できる。混合速度を改善して収率を向上させた事例をいくつか紹介する。

6.2.1 ジアゾ系顔料の合成

顔料製造においてはより一層の高品質化が求められるようになってきている。この顔料製造にマイクロリアクタを応用したという報告が Clariant 社から発表されている[6]。ここではジアゾ化合物が均一な溶液となる赤色のある顔料と、懸濁液となるある黄色の顔料の合成を取り上げている。これらは図 6-5 で示す反応によって合成される。実験では、一級芳香族アミンと亜硝酸ナトリウムの反応で生じたジアゾ化合物の溶液や懸濁液を、カップリング剤と共にマイクロリアクタに供給している。ここで使用したマイクロリアクタは、CPC 社が開発したもので、微細構造を有するプレートを接合して構成され、ミリメートル以下のサイズの流路を多数備えている。

マイクロリアクタで得られた顔料を、バッチ反応で得られたものと比較した結果、色の濃さ、輝度および透明度のいずれの項目においてもマイクロリアクタで合成した顔料のほうが高い性能を持つことが示された。合成された顔料を透過型電子顕微鏡（TEM）で観察したところ、顔料の粒子径がバッチ合成の場合には 600 nm 程度であったが、マイクロリアクタでは 90 nm 程度と微細化されていることが確認されており、これが顔料として高い性能を示した原因と考えられる。

マイクロリアクタで粒子の微細化が進むのは、混合を早く進めることができたことが原因である。また、ほぼ等温条件で反応を進行させることができたため、ジアゾ化物の分解を抑制できたことも品質の高度化につながったと考えられる。

さらにこの合成をパイロットスケールのプラントを使って実施した場合の検討も行われている。ここで使われたパイロットプラントは、いわゆるナン

バリングアップ型である。単一のマイクロリアクタで最適合成条件が明らかになれば、それと同じ条件のマイクロリアクタを多数並列に用いることで、製品の品質を保持したまま処理量増大を簡単に行えることがナンバリングアップ法の魅力である。しかしながら、この例ではパイロットプラントで合成された顔料の性能が単一マイクロリアクタの性能を上回る結果が得られている。これは送液方法の違いが原因となっていると推察されている。単一マイクロリアクタでは、流量が微少であるためにわずかなつまりや外乱で流量が変動するのに対して、パイロットプラントでは、大量の流体を流すために、比較的安定に原料を供給することができ、品質が向上したと考えられている。

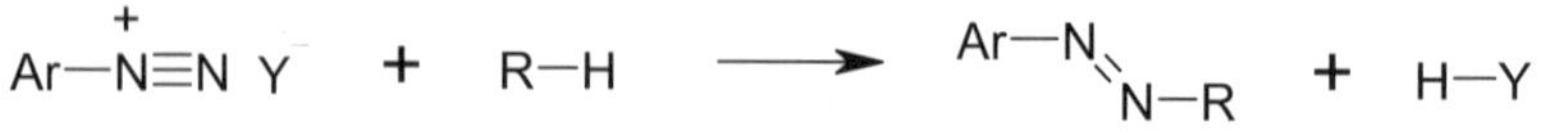

$$Ar-\overset{+}{N}\equiv N\ Y\ +\ R-H\ \longrightarrow\ Ar-N=N-R\ +\ H-Y$$

Ar：ヘテロ芳香族基、Y：$-Cl$、$-HSO_4$

図 6-5　ジアゾカップリング反応[6]

6.2.2　フルオラスケミストリーへの応用

　水とも油とも混じり合わない相としてフルオラス相の存在が知られている。フルオラス相は炭化水素中の水素をフッ素で置換された物質の相であり、パーフルオロアルキル基は強い電子吸引性を示すので、フルオラス相では、フルオラス触媒がより強く作用するようになると考えられる。Mikamiらは、フルオラス相と親和性の高いランタノイド系触媒を開発し、バイヤー・ビリガー（Baeyer-Villiger）酸化についての検討を行っている[7]。バイヤー・ビリガー酸化とは、炭素-炭素結合の間に酸素を挿入する反応である。反応の酸化剤としては過酸化水素などが用いられるが、この反応では位置異性体が生じるなどの問題点が知られている。

　彼らは過酸化水素を酸化剤として用いた 2-メチルシクロペンタノンのバイヤー・ビリガー酸化（図 6-6）にマイクロリアクタを適用してその効果を検討している。基質と触媒を溶解させたフルオラス相と、過酸化水素水（水相）を Y 字型マイクロリアクタで接触させた場合、位置異性体の選択率は 97%となったが、同様の反応をフラスコで実施した場合には 67%を達成す

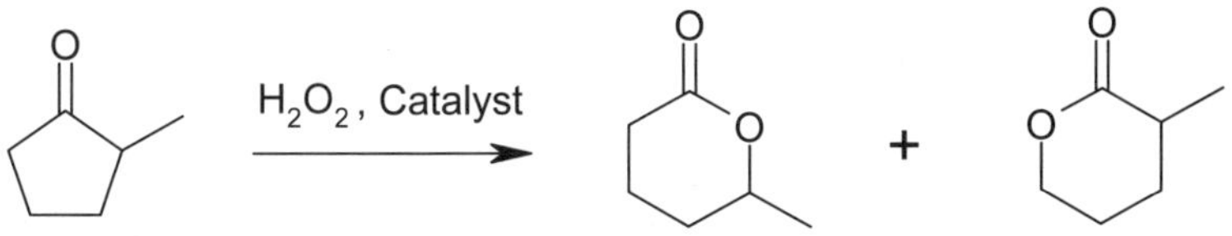

図 6-6　バイヤー・ビリガー酸化[7]

るにとどまった。また、マイクロリアクタでは反応速度も大幅に向上しており、短い反応時間（8.1 秒）で高い選択率を達成できることが確認されている。

　このような向上効果は、過酸化水素がフルオラス相に高速に拡散したために、金属過酸化物を効果的に発生できたことが原因と考えられている。

6.2.3　相間移動触媒によるアルキル化反応

　相間移動触媒は、水相に溶解させて供給され、界面を通して水相から有機相へ反応基質を移動させることで、反応を進行させる触媒である。この反応では有機相と水相との間の界面積および界面からそれぞれのバルクとの間の物質移動速度を大きくすることが肝要である。マイクロリアクタにおいて 2 相流を形成させると、界面積および物質移動速度を大きくできる場合があり、このような反応を有利に進められると考えられる。

　Ueno らは、相間移動触媒を利用した α-ケトエステルのアルキル化反応をマイクロリアクタで実施し、その性能を検討している[8]。α-ケトエステルのアルキル化は炭素-炭素結合を形成するための反応であり有機合成で重要な反応である。まず相間移動触媒として TBAB（Tetrabutylammonium bromide）を用い、図 6-7 に示す 2-oxocyclopentanecarboxylate とベンジルブロマイドの反応を実施している。ここで使用されたマイクロリアクタはガラス製であり、幅 200μm、深さ 100μm のマイクロ流路で構成されている。図 6-8 に示すように、丸底フラスコでの合成では、撹拌速度を増大させるにつれて、反応速度が大きく増大する様子が見られたが、これは界面積と物質移動速度の増大が反応速度を決定する重要な因子であるためである。一方のマイクロリアクタでの合成では、これらのフラスコ実験における場合よ

りもさらに速く反応が進行している。

Ueno らは、流路幅を変更した条件での実験も行っているが、流路幅の縮小に伴って反応速度がさらに上昇することが確認されている。また、図 6-7 に示す基質以外に対するアルキル化反応においても、マイクロリアクタではバッチに比べて反応速度が大きくなることが示されている。

図 6-7　2-oxocyclopentanecarboxylate のベンジル化反応[8]

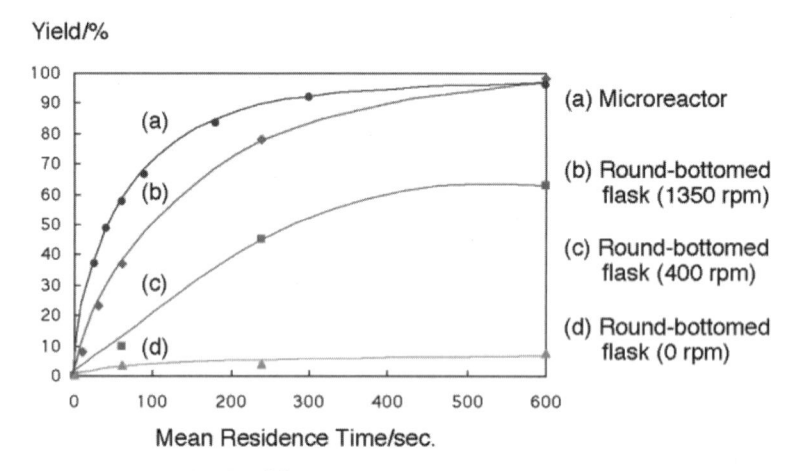

図 6-8　反応収率の時間変化[8]。Reproduced by permission of The Royal Society of Chemistry.

6.2.4　オルトニトロアニソールの水素化

o-アニシジン（o-anisidine）はアゾ顔料やナフトール顔料などの合成に重要で、農薬や医薬品の合成にも利用される重要な物質である。o-ニトロアニソール（o-nitroanisole）の水素化反応は o-アニシジンを合成するための反応であり、図 6-9 にその反応式を示す。これは液体の o-ニトロアニソール、気体の水素、それに触媒であるパラジウムの、いわゆる気-液-固の 3 相

が共存する条件下で反応を進行させる必要がある。このような反応では、それぞれの相を効率よく接触させる方法が課題となるが、特に気相と固体の触媒と接触効率が反応速度を決定する因子となることが多い。また、この反応は発熱量も非常に大きい。マイクロリアクタによる除熱速度の増大の効果が期待できる。

Tadepalli らは、ゼオライトにパラジウムを担持させた触媒を備えたマイクロ固定床反応装置を o-ニトロアニソールの水素化に適用し、その反応挙動を調査している[9]。ここでの触媒粒子の大きさは 45〜75μm のものと 75〜150μm の二とおりを使用し、リアクタとしては内径 0.775mm のステンレス管が用いられている。ここに水素ガスと o-ニトロアニソールのメタノール水溶液を供給するのであるが、ここでの流動条件では、気体と液体がそれぞれスラグとなって交互に流れていることが確認されている。

検討の結果、マイクロリアクタではこの反応は物質移動速度が大きく、拡散律速とならないことが確認されている。これは反応速度の解析結果だけでなく、物質移動係数が、通常型装置についての推算結果よりも極めて大きくなることからも示されている。さらに、この反応が 2-メトキシニトロソベンゼン（2-methoxynitrosobenzene）を経由して進行すること、さらに反応速度がラングミュア・ヒンシェルウッド（Langmuir-Hinschelwood）型の式で表現できることが明らかにされている。

この研究では、マイクロリアクタを利用して反応律速条件を実現して反応の解析に役立てている点が極めて特徴的である。

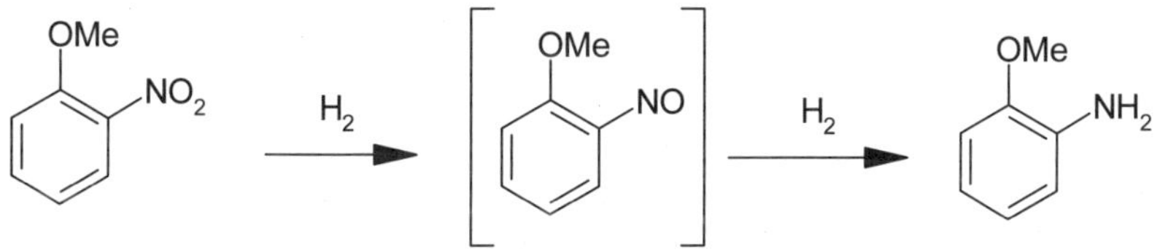

図 6-9　o-ニトロアニソールの水素化反応[9]

6.3 滞留時間制御

寿命の短い中間体を扱うような場合には、反応時間を精密に制御することが収率向上につながる場合がある。中間体の生成速度を知ることは難しいが、マイクロリアクタを利用して滞留時間や、混合タイミングの制御を行って収率を向上させた事例が知られている。

6.3.1 コルベ・シュミット合成

反応温度は化学反応の進行を大きく左右する因子である。通常、温度を上げると反応速度が大きくなり、短時間で反応を完了できる。しかし、反応温度の上昇は副反応や分解反応の速度をも増大させるため、温度を高くするのは必ずしも有利に働かない。ところが、通常のフラスコでの合成とは異なり、マイクロリアクタでは滞留時間を短く制御することができる。これを利用し反応温度が高くかつ滞留時間が短くなるような条件を実現すれば、従来では達成できなかった高い収率を得ることができる。

このことを示した研究として、マイクロリアクタのコルベ・シュミット（Kolbe-Schmitt）反応への応用がある[10]。コルベ・シュミット反応はベンゼン環にカルボキシル基を導入する反応として有名である。この反応は反応温度上昇に伴って反応速度が上昇するが、高温では生成物からカルボキシル基の脱離、すなわち逆反応が進行する。この研究では、反応部のマイクロリアクタにステンレスのキャピラリー、そして反応を停止させるための急冷部にはマイクロ熱交換器を用いた反応装置が用いられている。流路内部は加圧され高温条件でも溶媒の蒸発を防止して、均一な反応条件を実現している。フロログルシノール（Phloroglucinol）を原料とした反応実験では、反応時間を約50秒、反応温度を約130℃に制御することで、収率が最大で約50%に達した。通常のバッチ合成では反応時間2時間、温度100℃の還流条件で実施されるが、収率はおよそ30%であり、マイクロリアクタでの処理にメリットがあることが示されている。フラスコによる合成では反応時間を短く制御することは困難である場合が多いが、マイクロリアクタは流通系

であるために滞留時間の制御が可能であるほか、密閉系に近いために加圧も容易に行える。コルベ・シュミット反応への適用はこれらをうまく活用した事例であるといえよう。

6.3.2 スワン酸化

　スワン（Swern）酸化反応は、アルコールからカルボニル化合物を得ることができる反応であり、工業的に極めて重要である。この反応では、図6-10に示すように、DMSO (Dimethyl sulfoxide) と TFAA (Trifluoroacetic anhydride) の反応によってまずカチオン性の中間体が生じる。そして、この中間体がアルコールと反応することで、カルボニル化合物が生成する。しかし、この中間体は不安定であり副反応を生じやすい。これを防ぐために工業的には−50℃以下の反応温度が採用されることが多い[11]。

　Kawaguchi らは、IMM 社のマイクロミキサを使ってこの反応を実施している[11]。ここでの反応システムは、中間体の発生部と、中間体とアルコールの反応を起こさせる部分とに分かれており、それぞれにマイクロミキサが

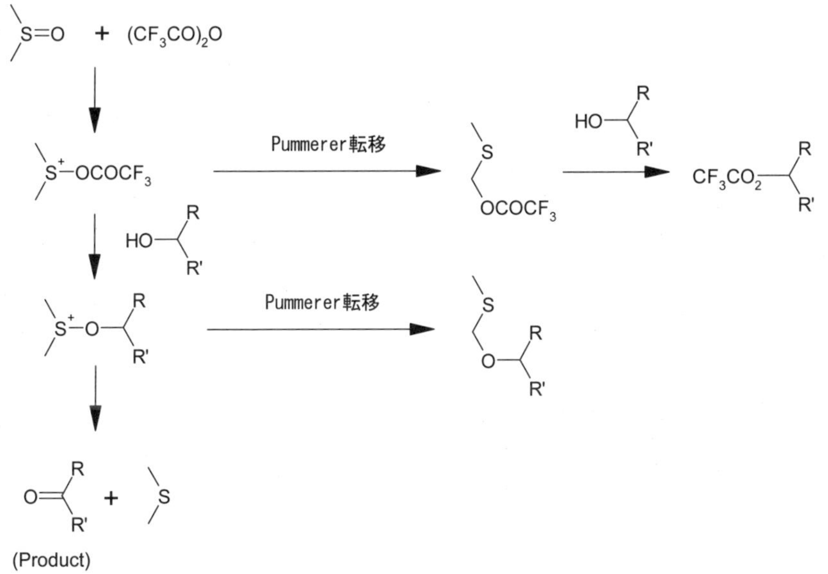

図6-10　予想されるスワン酸化の反応機構[11]

使われている。1-デカノール、2-オクタノールなどのアルコールを原料としたスワン酸化反応を実施したところ、−20℃においてそれぞれ、75%、92%の収率を達成している。同様の温度においてバッチ反応を行うとそれぞれ 11%、20%に留まっており、マイクロリアクタでは反応温度を−50℃まで下げなくとも高い収率でカルボニル化合物が得られることを示している。さらに反応温度を 20℃まで上昇させた場合でもそれぞれ 71%、89%の収率でカルボニル化合物が得られている。

このように、常温近くにおいて不安定な中間体が副反応を起こさなかった理由は、中間体の発生部からアルコールとの反応部への流体の輸送時間を短時間で行えたこと、それにアルコールとの混合を高速に実施できたことにあると考えられている。

6.4　化学物質のオンデマンド生産による安全性向上

化学物質には極めて毒性の高いものがあり、大量に保管したり輸送したりすることは極力避けなければならない場合がある。このような危険物質を必要な場所で必要なだけ生産することで安全性を著しく向上できる。危険物質の代表例としてホスゲンやシアン化水素がある。

3,4-diamino-1H-isochromen-1-ones はイソクマリン（1H-isochromen-1-one）誘導体であり、その合成には、シアン化水素を利用した合成方法が知られている（図 6-11）。シアン化水素は極めて毒性が強い物質であり、慎重に取り扱わなければならない。Acke と Stevens は、この問題に対してマイクロリアクタを利用した合成法を検討している[12]。彼らのアイディアは、シアン化水素を外部から供給するのではなく、シアン化カリウム（青酸カリ）と酢酸をマイクロリアクタ中で反応させて、シアン化水素をマイクロリアクタ中で *in situ* に発生させ、それを合成反応に利用する点にある。

実験には、CPC 社の CYTOS システムが活用されており、流路幅が約 100μm のマイクロリアクタが使われている。まず、アミンとしてアニリンを利用して高収率が得られる反応条件を探索し、その後アミンの種類を変化させた合成を行っている。その結果アニリンのほか、3-メトキシアニリンな

どの各種アミンを利用した場合に、49%以上の収率を達成している。

　反応装置内で発生させたシアン化水素はマイクロリアクタ内部で反応によってすべて消費され、系外に排出されないのが理想的である。今回の場合、シアン化水素のスポットテストを行って出口流体への混入の有無を確認している。その結果、いくらかのシアン化水素が漏れていることがわかった。スポットテストは定性試験であるので、定量的な結果を得ることはできない。しかし、バッチ合成時に比べ、スポットテストの発色が遅かったと報告されている。

　危険物質の排出を完全に防ぐことはできていないが、危険な物質を *in situ* 合成し、即座に利用するという場合へのマイクロリアクタの適用可能性を示した研究であり、極めて興味深い。この種類の利用方法の改良が進めば危険物質の流出がない反応技術を確立できる可能性がある。

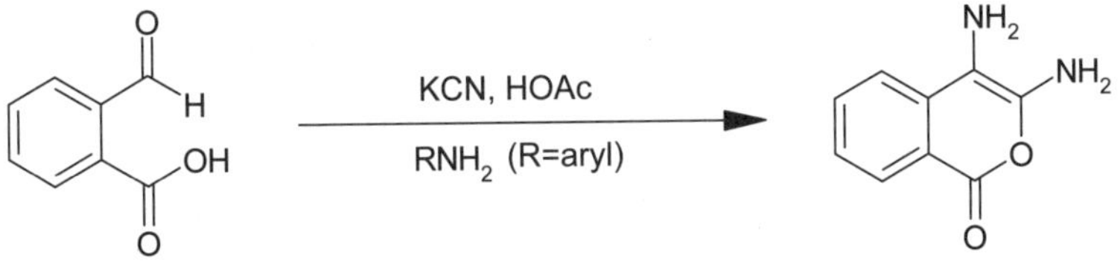

図 6-11　シアン化水素の *in situ* 合成を利用した反応[12]

6.5　反応速度・収率の向上

　これまでに紹介した事例以外にもマイクロリアクタを利用すると反応時間を短くできるという事例や、収率が向上するという報告が多く見られる。その中には、理由が明らかにされていないものもあるが、プロセス強化につながる現象として注目に値する。

6.5.1　アルドール反応

　Wiles らは、図 6-12 に示すようなアルドール反応によってエノラートを生じる反応を取り上げて、マイクロリアクタを導入する効果を検討している

[13]。エノラートは炭素-炭素結合を形成させる際の重要な中間体といわれる物質であり、シリルエノールエーテルの形で一時的に捕捉できることがわかっている。彼女らが検討したのは、シクロヘキサノンのシリルエノールエーテルと 4-ブロモベンズアルデヒドを、tetrabutylammonium fluorides（TBAF）の存在下で反応させ β-ヒドロキシケトンを生じる反応である。フラスコを用いた通常の合成方法では、100％の反応率を得るために必要な反応時間が 24 時間となった。

　この研究のマイクロリアクタによる検討では、断面寸法が $100\times50\,\mu m$ であるガラス製マイクロリアクタが採用され、試薬の流通には電気浸透流が使われている。印加電圧を変化させて各試薬の流量を調節したところ、滞留時間が 20 分という条件で、100％の反応率を達成できたと報告している。

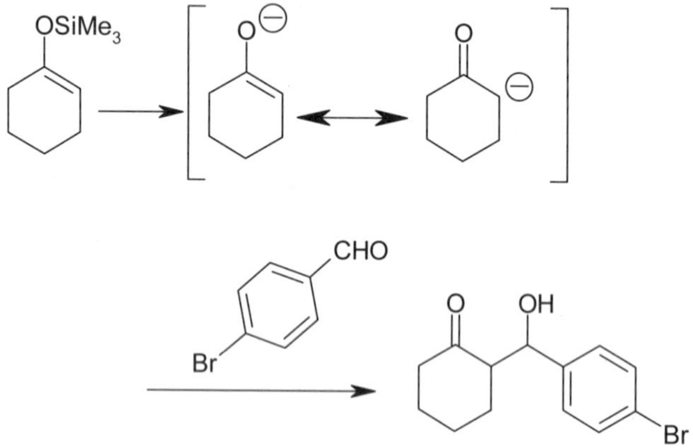

図 6-12　シリルエノールエーテルのアルドール反応[13]

6.5.2　バイリス・ヒルマン反応

　三級アミンの存在下で、活性化アルケンと求電子試薬が結合する反応であり、β-および γ-ラクタムや、抗生物質などをはじめ、種々の物質の合成に利用可能であるといわれている反応である。しかしながらこの反応は極めて遅く、反応が完了するまでに数日から数週間の時間を要する場合がある。

　Acke and Stevens はこの反応をマイクロリアクタで実施した場合の効果について検討している[14]。ここで取り上げたバイリス・ヒルマン

（Baylis-Hillman）反応は、図 6-13 に示すように、4-ニトロベンズアルデヒドとメチルアクリレートが 1,4-ジアザシクロ[2.2.2]オクタン（DABCO）を触媒として進行する反応である。マイクロリアクタとしては、CPC 社の CYTOS システムが利用されている。流路幅は約 100 μm である。

この反応は試薬濃度の上昇に伴って、一定の反応時間後に到達できる反応率が上昇する。一方で、濃度が高すぎると DABCO などが固体となって析出するおそれがある。このような点を考慮して、最適な原料濃度をバッチの実験で導出したのち、マイクロリアクタでの合成実験を行っている。

バッチ反応とマイクロリアクタでの反応を比較してみると、収率や転化率はほぼ同等となった。これはこの反応が遅いので反応律速条件であるため、マイクロリアクタによって混合速度を向上させたとしても反応の進行に大きな影響を与えないためである。しかしながら、バッチで 3 時間で達成した反応をマイクロリアクタでは 2 時間で達成しており、反応速度が約 30％ほど増大することが示された。

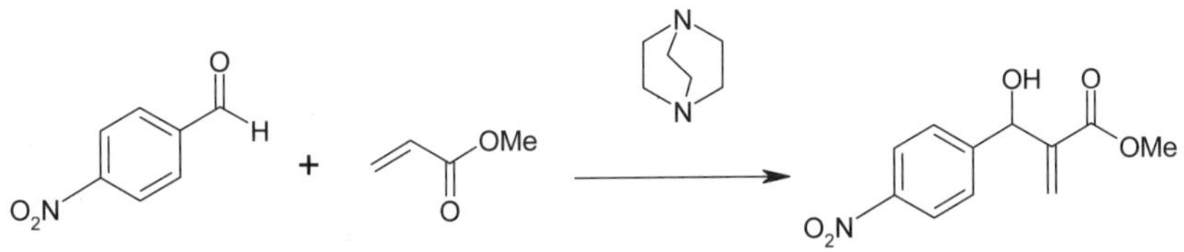

図 6-13　バイリス・ヒルマン反応[14]

6.5.3　マイケル付加反応

マイケル（Micheal）付加とは、エノラートが α, β 不飽和カルボニル化合物に 1,4 付加する反応を指す。Wiles らは、各種化合物のマイケル付加反応をマイクロリアクタで実施している[15]。ここで使われたマイクロリアクタの流路サイズは 100×50 μm であり、電気浸透流を利用して流体を流通させている。取り上げられた反応のひとつを図 6-14 に示す。これは塩基であるジイソプロピルエチルアミン（Diisopropylethylamine）の存在下での、2,4-ペンタンジオン（2,4-pentanedione）とプロピオール酸エチル（Ethyl propiolate）の反応である。この反応はまず、2,4-ペンタンジオンが塩基の

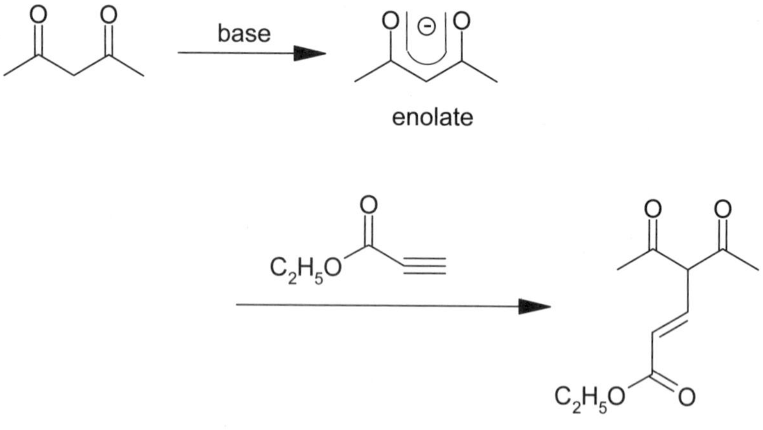

図 6-14 マイケル付加反応[15]

作用によってエノラートを生じる。このエノラートが不飽和カルボニル化合物であるプロピオール酸エチルに作用することで1,4付加物を生じる。

実験の結果、24 時間のバッチ反応では反応率が 89％となったが、マイクロリアクタの実験では 95％に達している。一回のマイクロリアクタの実験は 20 分であることから、反応率の向上だけでなく、滞留時間の大幅な短縮ができることを示している。

彼女らは、このほかにも図 6-15 に示すマイケル付加物の合成を行って、いずれもマイクロリアクタを利用すると短い反応時間で高い反応率を得られると報告している。

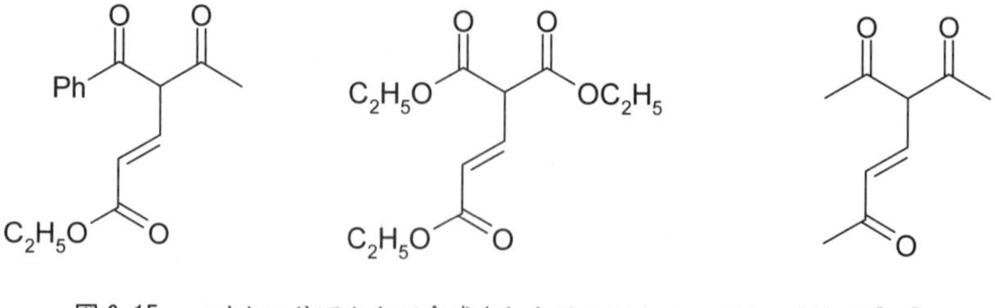

図 6-15 マイクロリアクタで合成されたそのほかのマイケル付加物[15]

6.5.4 鈴木・宮浦カップリング反応

鈴木-宮浦カップリング反応は、炭素-炭素結合を得る有用な反応であり、化学工業のほか、医薬品合成で非常に広く使われている。Greenway らは、図 6-16 に示すマイクロリアクタを使ってこの反応を実施し、その効果を検証している[16]。

反応としては、図 6-17 に示す 4-ブロモベンゾニトリル (Bromobenzonitrile) とフェニルボロン酸 (Phenylboronic acid) からパラジウム触媒によって 4-シアノビフェニル (Cyanobihpenyl) を生成する反応を取り上げている。反応に必要なパラジウム触媒はメソポーラスシリカに担持させ、反応器流路に充填させている。原料の流通には電気浸透流が利用されている。触媒層は単なる触媒としてだけでなく、電気浸透流を起こしやすくする働きもある。実験においては、フェニルボロン酸を連続的に流通させ、4-ブロモベンゾニトリルは間欠的に流路に導入させるという操作が行

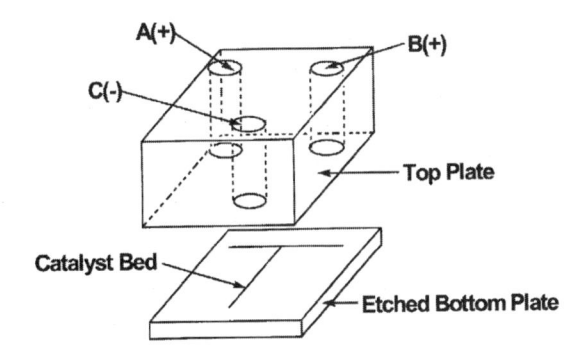

図 6-16　Greenway らのマイクロリアクタ。Reprinted from [16] . Copyright (2000), with permission from Elsevier.

図 6-17　鈴木・宮浦カップリング反応[16]

われている。

　その結果、アリールハライド（Aryl halide）に対する収率が通常のバッチ合成法では最大で 10%程度であったのに対して、マイクロリアクタでは最大で 67±7%に達し、かつ触媒の溶出はほとんど見られなかった。さらに特徴的なのは、鈴木・宮浦カップリングでは炭酸ナトリウムなどの塩基の添加が必要であるが、マイクロリアクタではこれを添加しなくても反応が進行していた。これは、電気浸透流を起こさせるために印加した高い電圧によって、溶媒（THF）に捉えられていた水が部分的にイオン化して、水酸化物イオンを生じたためであると考えられている。

6.5.5　ハンチュ反応

　チアゾールは窒素原子と硫黄原子を含む複素環状化合物であり、医薬品合成などに重要な物質である。ハンチュ（Hantzsch）反応はチオアミドからチアゾールを得ることができる反応である。Garcia-Egido らは、幅 300 μm、深さ 115μm の流路を持つホウ珪酸ガラス製マイクロリアクタでこの反応を検討している[17]。

　この研究で取り上げられた反応を図 6-18 に示す。実験ではリアクタ温度を 70℃に保ち、また原料は電気浸透流によって流通させている。電気浸透流を生じさせる電圧を 100～700V の範囲で変化させ、2-ブロモ-4'-メチルアセトフェノンと 1-アセチル-2-チオウレアからのチアゾール合成を行った

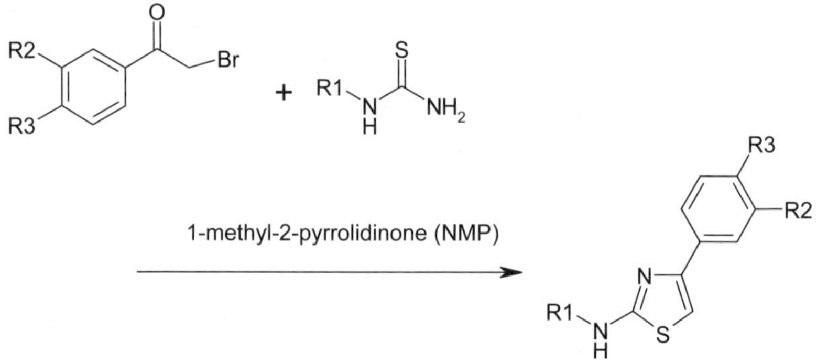

図 6-18　ハンチュ反応による 2-アミノチアゾールの合成[17]

ところ、電圧が 300〜700V の範囲で通常のバッチによる合成方法よりも高い反応率が得られると報告している。さらに、各種の基質に対して反応を実施したところ、通常の方法と同等またはそれ以上の反応率が得られることが示されている。

6.5.6 ウィッティッヒ反応

ウィッティッヒ（Wittig）反応は、ケトンやアルデヒド基のカルボニル化合物をホスホニウム塩（トリフェニルホスフィンとハロゲン化アルキルの反応で得られる）と反応させて炭素-炭素二重結合に変換する反応である。共有結合でつながった原子がそれぞれ正と負の電荷を持つ化合物であるイリド（Ylide）と呼ばれる中間体を経由して進行する。このイリドは、発色するので透明な容器の中でこの反応を実施すると中間体の存在を色の変化で捉えることができる。

Skelton らは、この反応をマイクロリアクタで実施し、中間体であるイリドの分布から最適な流動条件を導出している[18]。ここで使用されたのは幅 200μm、深さ 100μm のガラス製マイクロリアクタであり、電気浸透流を

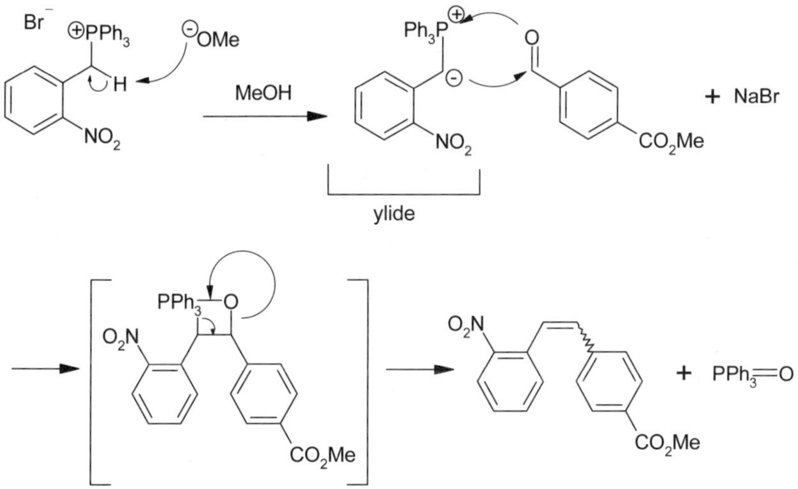

図 6-19 ウィッティッヒ反応とその中間体であるイリド[18]

利用して原料を流通させている。試薬としては、図 6-19 に示すように、カルボニル化合物としてメチル 4-ホルミルベンゾエートが用いられている。イリドの分布を観察しながら電気浸透流のための印加電圧を調節し、流動状態が最適となる電圧の探索を行っている。

ウィッティッヒ反応は通常アルデヒドが過剰となる条件で行われるが、ここではホスホニウム塩とアルデヒドの比が 1 : 1 となるような条件での反応も実施している。いくつかの種類のアルデヒドに対して検討を行って、マイクロリアクタはビーカーと同等あるいはそれ以上の収率が得られることを示している。特に、3-ベンジルオキシベンズアルデヒドを使用したときには、ビーカーでの収率が 26％であったのに対して、マイクロリアクタでは 55％に達すると報告されている。

6.5.7 フェニルボロン酸の合成

アリールボロン、あるいはアルキルボロン化合物は合成化学において重要な物質である。これらの化合物は、グリニャール反応によって得ることができる。しかし、これは取り扱いが難しい反応のひとつである。まず、温度や濃度などの反応条件が適正な条件に保たれなければ、大量の副産物を生じて収率が大幅に低下してしまう。通常は−25℃以下の温度が最適である場合が多いが、冷却のためのコストが大きくなるという問題がある。また、副産物が生じる場合には反応後の分離精製のためのコストも必要となる。Hessel らは、臭化フェニルマグネシウムとホウ酸トリメチルからフェニルボロン酸を合成する反応（図 6-20）を取り上げ、マイクロリアクタによる収率向上効果を検討している[19]。この研究では、通常の合成条件、すなわちフラスコでの合成と、マイクロリアクタを利用した場合に得られるそれぞれの収率を比較している。マイクロリアクタシステムとしては、フォーカシングの原理を利用して拡散距離を短くするガラス製のインターディジタルミキサ、およびキャタピラ型マイクロミキサが採用されている。

約 20℃の条件において、容積 1.5L のフラスコ内で反応させると、フェニルボロン酸の収率は 70.6％となったが、フォーカシング型マイクロミキサを利用した合成では、78.7〜83.2％に向上した。また、キャタピラ型ミキ

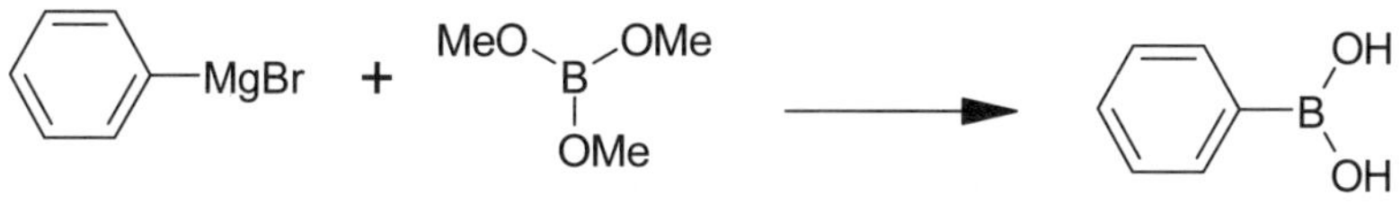

図 6-20 グリニャール反応によるフェニルボロン酸の合成[19]

サを利用して反応温度を調節した場合には最大で 89％の収率が確認されている。

6.5.8 ペプチド合成

　ペプチドは、アミノ酸を鎖状につなげた分子のことであり、生化学では最も基本的でかつ重要な物質である。アミノ酸の種類は多数あり、その並びによってペプチドの機能も異なる。アミノ酸を希望どおりに並べたペプチドを合成する手法としては、固相合成法が知られている。アミノ酸は－NH_2 基（N 末端と呼ばれる）と－COOH 基（O 末端と呼ばれる）を有し、ペプチド合成では隣り合うアミノ酸の N 末端と O 末端がペプチド結合（－NH－CO－）で結合している。固相合成ではまずポリマー粒子の表面にアミノ酸の O 末端を接続する。そして、N 末端が反応しないように保護されたアミノ酸を接触させて、ポリマー表面のアミノ酸とペプチド結合を形成させる。その後 N 末端の保護基を外し、次のアミノ酸（これも N 末端を保護したもの）と接触させる。このように N 末端保護アミノ酸との接触、保護基の脱離を繰り返していくことで所望の並びを有するペプチドを合成することができる。この方法では、使用されるポリマー粒子が比較的高価であることなどの問題がある。

　Watts らは、ポリマービーズを利用せず、マイクロリアクタを利用した液相でのペプチド合成を検討している[20]。例として比較的単純なアミノ酸であるアラニンのジペプチド合成を検討している。ガラス製マイクロリアクタを利用し、N 末端を Fmoc 基（9-fluorenylmethoxycarbonyl 基）で保護したアラニンと、Dmab 基を導入して O 末端を保護したアラニンを接触させている。その結果最大 93％の収率でジペプチドが合成されている。

　さらに、N 末端保護アラニンの O 末端をあらかじめペンタフルオロフェ

ニルエステルにして反応させた場合についての検討を行っている。ビーカーでは 24 時間経過後も収率が 50% であったのに対して、マイクロリアクタでは、20 分で定量的な合成が可能であることが確認されている。また、末端の保護に Boc 基（*tert*-butoxycarbonyl 基）を利用しても反応が定量的に進行することも示されている。

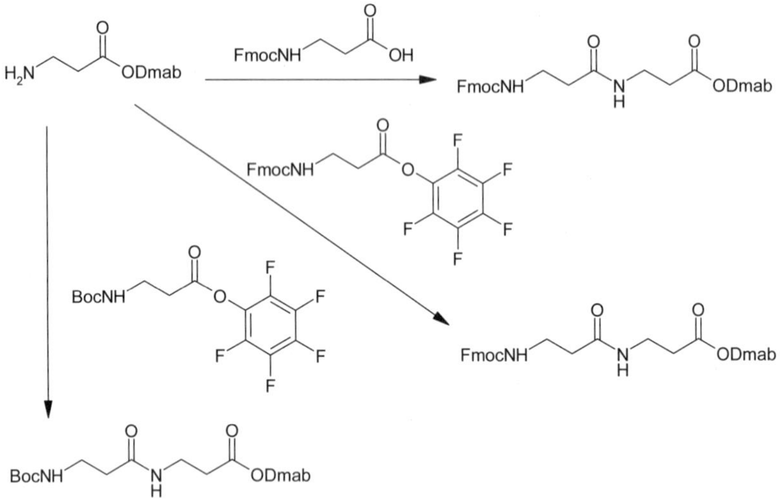

図 6-21　ジペプチド合成反応の例[20]

6.5.9　クネーフェナーゲル縮合反応

クネーフェナーゲル（Knoevenagel）縮合は、カルボニル基の酸素と、活性水素を有する化合物の縮合反応である。この反応の特徴は塩基を触媒として進行する点にあり、水酸化ナトリウムや水酸化カリウム、ピペリジンなどの強塩基が使用されるが、各種の塩基性ゼオライトを使うこともできる。ゼオライトのような固体の触媒は、反応後に容易に除去できるという利点がある。しかし、縮合によって生じる水はゼオライト触媒の触媒毒となることが知られているので、水をうまく除いてやる工夫が必要となる。

Lai らは、マイクロリアクタに形成した分離膜を用いて水を系外に排出することで、効率的にクネーフェナーゲル縮合を実施できると報告している

第6章 液相系の反応への応用

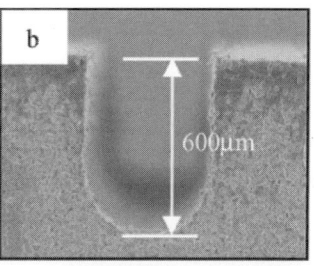

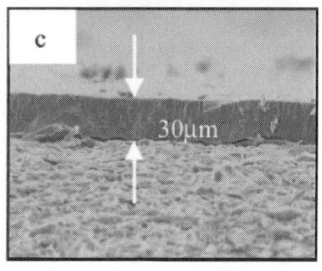

図 6-22 クネーフェナーゲル縮合に用いられたマイクロリアクタ。(a) 複数の流路の構成、(b) 流路（幅 300 μm、深さ 600 μm）の断面、(c) 背面に形成された ZSM-5 の膜（厚さ 30 μm）[21]。Reproduced by permission of The Royal Society of Chemistry.

[21]。この研究で使用されたマイクロリアクタは、多孔質ステンレス（孔径 0.2 μm）が用いられており、幅 300 μm、深さ 600 μm、長さ 25 mm のマイクロ流路で構成されている（図 6-22）。この溝は、フォージャサイト型ゼオライトをセシウムでイオン交換して得られる塩基性ゼオライト粒子でコーティングされている。生成した水のみを選択的に除くため、溝の反対面には厚さ 30 μm の ZSM-5 膜が形成されている。

ベンズアルデヒドとシアノ酢酸エチルから α-シアノケイ皮酸エチルを得る反応を取り上げて実験を行ったところ、通常の固定床反応装置では最大収率が 40％程度であったのに対して、ZSM-5 膜を有するマイクロリアクタでは最大で 85％に達している。熱力学的な平衡反応率である 60％よりも大きな値である。これは縮合によって生じた水を選択的に除くことにより、触媒の被毒が抑制されただけではなく、生成物を除くことで反応が生成側にシフトしたためである。

図 6.23 ベンズアルデヒドとシアノ酢酸エチルのクネーフェナーゲル縮合[21]

6.5.10 エステル化反応

エステル化反応は最も基本的な有機合成反応のひとつであり、酸とアルコールとの反応である。Brivio らは、ガラス製マイクロリアクタにおけるエステル化反応について検討している[22]。ここでは、図 6-24 に示すように、9-ピレンブチル酸とメタノールを原料としたエステル化反応が取り上げられている。マイクロリアクタはホウ珪酸ガラス製であり、幅 200 μm、深

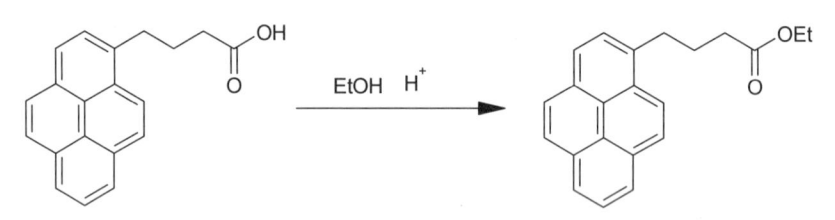

図 6-24 9-ピレンブチル酸とメタノールのエステル化反応[22]

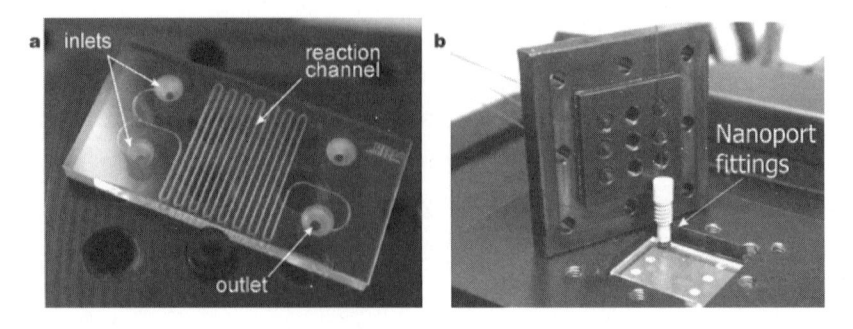

図 6-25 エステル化反応で使用されたマイクロリアクタ[22]。Reproduced by permission of The Royal Society of Chemistry.

さ 100μm の流路で構成されている。フラスコでは、反応時間 40 分の条件においてエステルの生成は認められなかったが、ガラス製マイクロリアクタを利用すると 15〜20％の濃度で生成していることが確認されている。

この現象は、マイクロリアクタがホウ珪酸ガラスであったために、流路表面に存在する酸性シラノール基（−SiOH 基）が酸触媒として働いたためであると考察されている。マイクロ流路においては、比表面積が大きいためこのシラノール基が有効に働いたものと思われる。

6.5.11 熊田・コリュー反応

熊田・コリュー（Kumada-Corriu）反応は、ニッケル(II)触媒のもとで進行するハロゲン化アリールとグリニャール試薬の反応で、ビアリルまたはアルキルアリール化合物が得られる。これは元来均一触媒が用いられていたが、近年 Merrifield 樹脂のビーズに触媒となるニッケル錯体を固定する方法が開発されている。Haswell らは、この固定化触媒を使って、マイクロリアクタ中の熊田・コリュー反応について検討している[23]。

ここで用いられたビーズの大きさは 200〜400 mesh である。これを充填して使うためにマイクロリアクタとして内径 2mm のプロピレンチューブや内径 1mm のガラス管が使われている。ここでは、数種のハロゲン化アリールを使った熊田・コリュー反応が実施されており、そのうちのひとつの反応を図 6-26 に示す。これは、4-ブロモアニソールと塩化フェニルマグネシウ

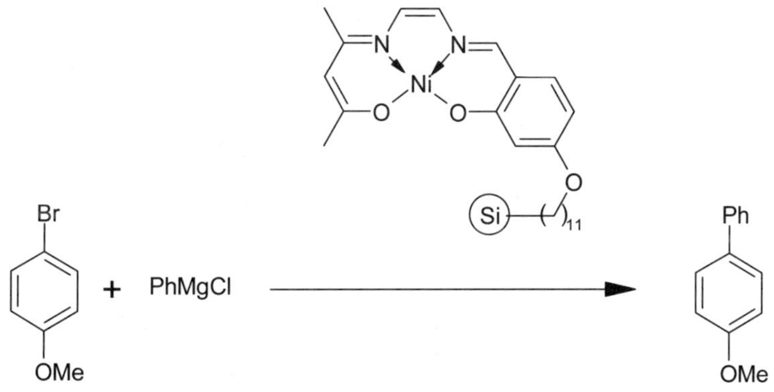

図 6-26 熊田・コリュー反応[23]

ムとの反応である。

バッチ反応での反応速度定数は $1\times10^{-5} s^{-1}$ であったが、マイクロリアクタを利用した場合には、$3.3\times10^{-2} s^{-1}$ となった。すなわち、1000倍のオーダーで反応速度の増大が計測されている。このほかのハロゲン化アリールについての実験でも数十倍の増大が見られたと報告している。

6.5.12 溝呂木・ヘック反応

マイクロリアクタを応用した合成技術として有名な反応である。この反応は、アリール基あるいはアルケニル基をアルケンに導入できる反応である。アリール基あるいはアルケニル基はハロゲン化物が原料となり、パラジウム触媒の存在下で進行する。

Liu らは、マイクロリアクタを利用して図 6-27 に示すような均一触媒による溝呂木・ヘック (Mizoroki-Heck) 反応を行っている[24]。ここで使用するパラジウム触媒はイオン性液体に溶解させ、IMM 社のマイクロミキサで反応原料と接触させている。イオン性液体は通常粘度が高いが、その中でも粘度が低めの [bmin]NTf$_2$ と呼ばれるものを利用し、99%の収率を達成している。

さて、均一触媒は流体中に溶解した状態で使用されるため、反応後にこれを分離回収する方法が課題となる。彼らは図 6-28 に示すように、パラジウム触媒を含むイオン性流体を反応後に分離回収する方法を提案している。まず、パラジウム触媒を含むイオン性流体を基質と共にマイクロリアクタ中で混合して反応させる。その後ヘキサンで生成物を抽出し、さらに水で副産物

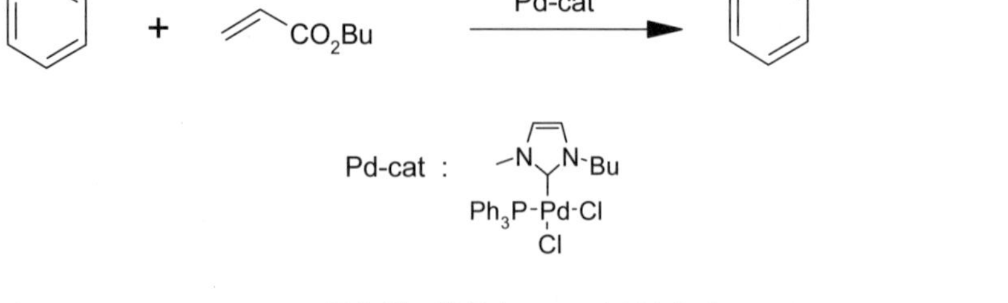

図 6-27 溝呂木・ヘック反応[24]

第6章 液相系の反応への応用

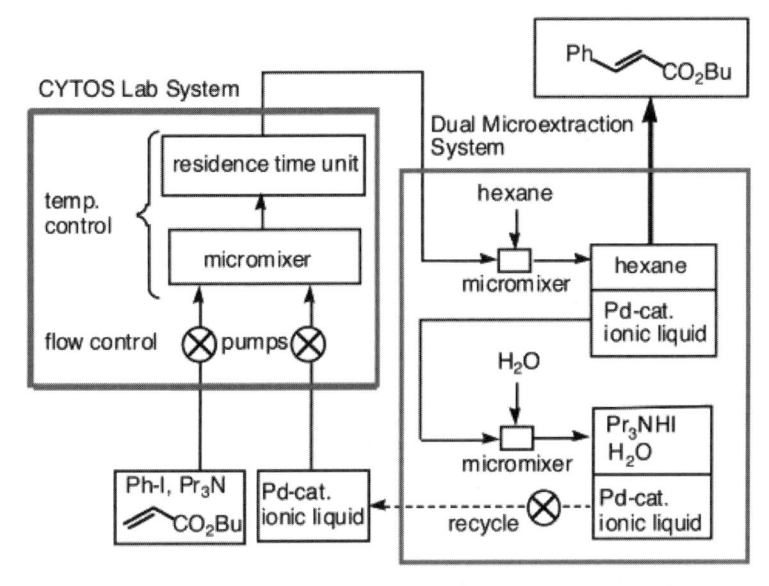

図 6-28 触媒の再利用を目指した溝呂木・ヘック反応システム。Reprinted with permission from [24]. Copyright (2004) American Chemical Society.

を抽出する。その結果得られる流体はパラジウム触媒を含むイオン性流体であり、再びマイクロリアクタに供給される。

このシステムは、マイクロリアクタとしては CPC 社の CYTOS システム、それに抽出のためのマイクロミキサとしては内径 300 μm の T 字マイクロミキサが使用されている。11.5 時間の連続運転の結果、115.3 g の trans-ケイ皮酸ブチルの合成に成功している。これは毎時 10 g の生産量に相当し、このときの収率は 80% であったと報告されている。

6.5.13 薗頭カップリング

パラジウム-銅触媒で進行するこの反応は、ハロゲン化アリールと末端アセチレンから、アルキルまたはアリール、ジアリール基を有するアセチレンを合成できる。天然化合物の合成に使われているほか、光学材料の合成にも応用が可能と考えられている重要な反応である。この反応は銅を助触媒として使用されるが、Fukuyama らはイオン性流体の中では、ジイソプロピル

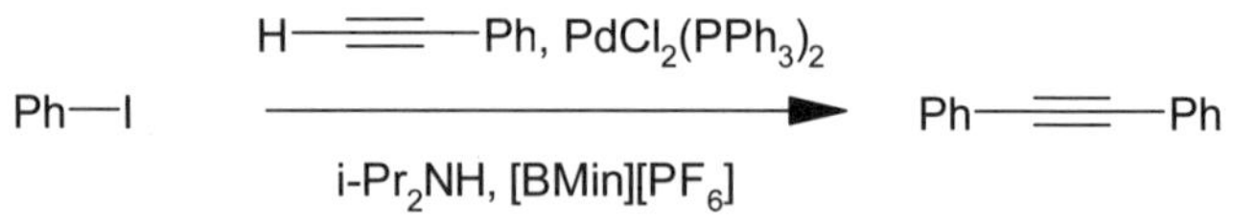

$$\text{Ph-I} \xrightarrow[\text{i-Pr}_2\text{NH, [BMin][PF}_6\text{]}]{\text{H}\equiv\equiv\text{Ph, PdCl}_2(\text{PPh}_3)_2} \text{Ph}\equiv\equiv\text{Ph}$$

図 6-29　薗頭カップリング反応[25]

アミンあるいはピペリジンを塩基として使用すると銅が存在しなくても進行することを見いだしている[25]。これは均一触媒を利用する反応であるが、彼らはマイクロリアクタを使用して触媒を回収し再利用できる合成システムを提案している。ここでは、IMM 社のインターディジタル型マイクロミキサを用いて原料とパラジウム触媒（$PdCl_2(PPh_3)_2$）を含むイオン性流体を混合して反応させ、その後ヘキサン／水による抽出で生成物、アミン、それにパラジウム触媒を含むイオン性流体を分離できるとしている。実験によって再利用した触媒を利用した合成においても 83％の収率が達成できることが示されている。また、この反応を T 字型ミキサ（内径 2 mm）を利用して実施した場合には低い収率しか得られていないことも確認されており、この反応には混合速度が収率を左右するとも述べられている。

6.6　微粒子合成

マイクロリアクタを利用した微粒子合成の研究も多く報告されている。当然のことながら微粒子は固体であるため、マイクロ流路中でこれを発生させると閉塞を起こすおそれがある。過去の研究では、直径数十 μm もある炭酸カルシウム粒子をマイクロリアクタ中で発生させた報告なども見られるが、主流となっているのは、いわゆるナノ粒子と呼ばれる極めて微細な金属微粒子の合成である。ナノ粒子はその名前のとおり、大きさがナノメートルオーダーの粒子であり、バルク物質に比べて特異な電気的、光学的、化学的特性などを発揮することが知られており、工学的に極めて重要な物質である。ナノ粒子の性質を左右する重要なパラメータはその大きさである。理想的には生成したナノ粒子がすべて同じ大きさになるような合成技術の開発が望まれている（このような粒子を単分散粒子という）。

微粒子の合成には、ビルドアップ法とブレークダウン法がある。ビルドアップ法は粒子が何もない状態の中に結晶核を発生させてそれを目的の大きさに成長させる方法である。一方のブレークダウン法はあらかじめ大きめの粒子を作っておいてそれを砕いていく方法である。マイクロリアクタでは当然、前者が採用されている。ビルドアップ法では、核発生、成長、凝集が主な結晶生成メカニズムである。結晶の大きさは基本的には核として発生してからの成長時間に依存する。したがって、マイクロリアクタでは、原料を高速に混合することで核発生のタイミングをそろえやすいことが利点として期待できる。また、流通系の反応器であることから、成長時間、すなわち滞留時間を一定に制御することができることも魅力である。

　Edel らは、マイクロミキサを利用した硫化カドミウム（CdS）微粒子の合成を取り上げている[26]。彼らは混合部の流路幅が $20\mu m$ のマイクロミキサを利用し、硝酸カドミウムと硫化ナトリウムを原料とした CdS ナノ粒子を合成して、その特性を吸収スペクトルで評価している。吸収スペクトルの傾きは粒子径分布と大きく関係しており、急峻であるほど単分散に近い。Edel らは、バルクで合成された粒子に比べて、マイクロリアクタで合成された粒子の吸収スペクトルの傾きがより急峻となったと報告している。さらに、マイクロリアクタの流通速度を増大させるとその傾きがより急峻となったとも報告している。これは、マイクロリアクタを利用したことで、混合速度が向上したこと、それに流速を増大させることで凝集を抑制できたためと考察している。

　セレン化カドミウム（CdSe）のナノ粒子はマイクロリアクタにおけるナノ粒子合成の対象としてしばしば取り上げられている。Nakamura ら[27]は、マイクロリアクタを利用した CdSe ナノ粒子の合成を行い、その特性を吸収スペクトルで評価している。滞留時間を 30 秒から 10 分の範囲で変化させることで、吸収スペクトルから推定される粒子径を 2.8 nm から 2.4 nm の範囲で制御することに成功している。また、実験を繰り返した際に得られる吸収スペクトルがほぼ一定となることも確認している。CdSe 粒子に関するほかの研究としては、Chan らの報告[28]がある。彼らもマイクロリアクタの滞留時間を制御することで粒子径を調節できることを確認しているほ

か、温度や原料の混合比などを調節しても粒子径を制御できることを示している。

光触媒として有名なチタニア（TiO_2）を合成したという報告がある。Wang ら[29]は、マイクロ流路内部において水相-有機相を層状に流通できることに着目し、その界面での粒子合成を検討している。すなわち、有機相としてチタニウムイソプロポキシドをヘキサノールに溶解させたもの、水相としてホルムアミド水溶液を調整し、これらをマイクロ流路内部で層状に接触させた。その結果、界面でチタニア粒子が生成する様子が観察されている。TEM による観察の結果、粒子の大きさは 10nm 以下であり、構造はアナターゼ型であることも確認されている。一方、Takagi らは、粒子の壁面状への付着・析出を極力抑制できる新しいマイクロリアクタを開発し、その性能を調査している[30]。ここで取り上げられているのは、同軸二重管と呼ばれるもので 2 種の流体が同心円状に流れるようになっている（図 6-30）。粒子は 2 種の流体が接触する界面で発生するが、この反応装置では界面が全く壁面に接触していない。したがって、壁面状への粒子の析出の可能性は

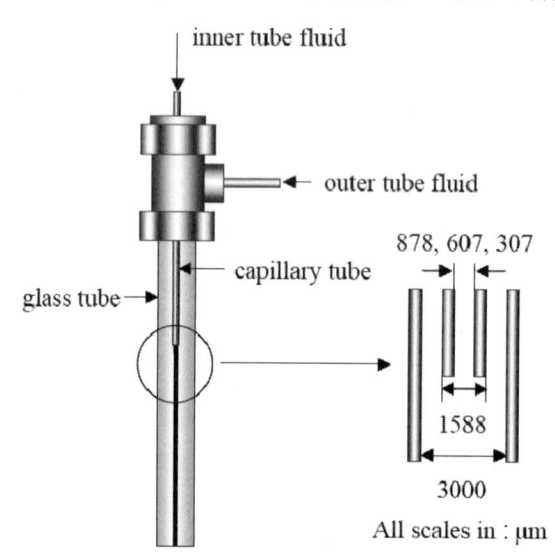

図 6-30　同軸二重管デバイス。Reprinted from [30]. Copyright (2004), with permission from Elsevier.

極めて低い。この実験では単分散に近いチタニア粒子が得られており、さらにその粒子径を 40～150 nm の範囲で調節することに成功している。

Cu/ZnO 系触媒粒子は、低圧メタノール合成に使用される触媒であり、共沈で得られるヒドロキシ酸前駆体を焼成することで合成できる。この触媒粒子の性能は、合成条件によって強く左右されると考えられている。この触媒の活性を決めている代表的因子は、銅の結晶格子の歪みであるといわれている。歪みが生じる原因は銅の中に含まれる不純物にあり、銅の中での不純物の分散状態は粒子合成条件によって左右される。このため、ほかの材料に比べて合成条件が特に強く活性に影響する。

粒子合成における共沈の操作では、毎回全く同じ条件を実現することは困難であるし、原料の溶解度は装置内部の場所や時間によって異なる。また、熟成、洗浄などの工程においても複雑な交換反応が進行する。これらを毎回同一の条件下で進行させることは困難であり、作製する触媒粒子の性状も均一とはならない。

流通型の反応装置であるマイクロリアクタをこのような粒子の合成に適用すると、同一の条件で大量の粒子を合成できる。Schur らは、流路幅 200 µm のマイクロリアクタ（CPC 社製）を使い亜硝酸金属と炭酸ナトリウムを接触させて、Cu/ZnO 複合粒子の合成を行っている。この複合粒子を触媒としてメタノール合成反応における触媒活性を調査している[31]。その結果、マイクロリアクタで合成した Cu/ZnO 粒子は、通常の方法で合成した触媒粒子に比べて触媒単位重量当たりの活性および、銅の単位表面積当たりの活性がいずれも向上することが示されている。前者は銅の分散度を向上できたためであり、後者は金属銅中の不純物分布が改善されたためと考えられている。

Nagasawa らは、5 種の流体が層状に流れて接触できるマイクロリアクタを新たに開発し、ハロゲン化銀（塩化銀および臭化銀）の合成に適用している[32]。このリアクタを図 6-31 に示す。この形状も同心円状になっており、5 種の流体のうち、壁に接触する最外層と最内層には不活性な流体を流して、反応流体が壁に接触するのを防ぐ仕組みになっている。実験ではつまりの問題が生じないことや粒子径を流量などの条件で制御できることが確認

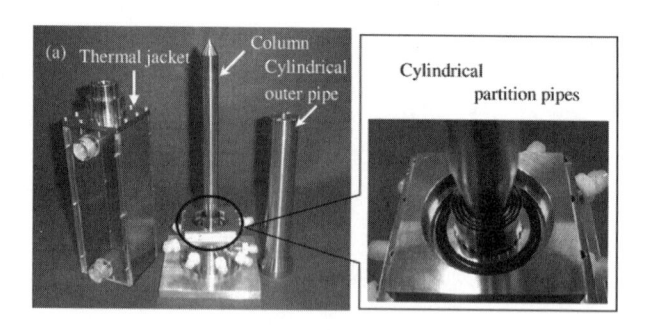

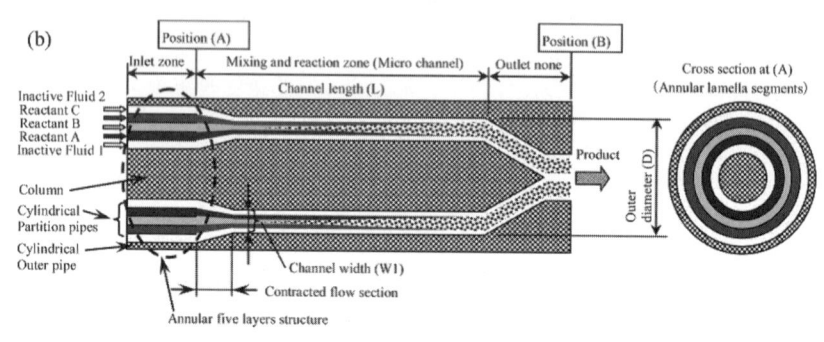

図6-31 微粒子合成用マイクロリアクタ。Reprinted with permission from [32]. Copyright (2006) American Chemical Society.

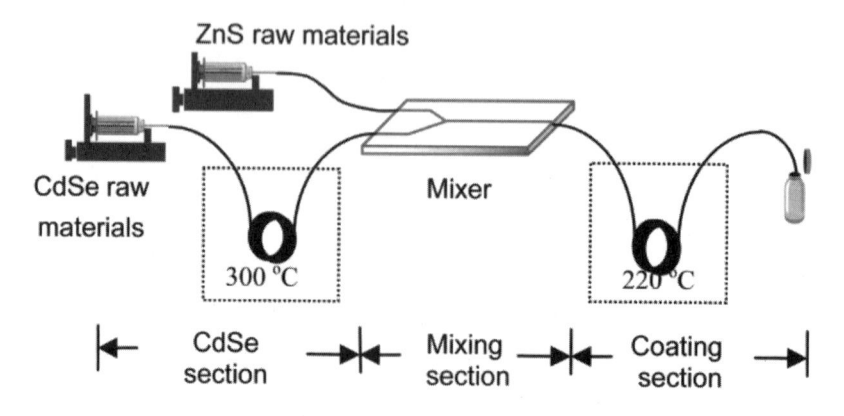

図6-32 コンポジットナノ粒子合成用システム[33]。Reproduced by permission of The Royal Society of Chemistry.

されている。さらに装置の直径を大きくすることで処理量の増大が達成できることも実証している。

CdSe-ZnS のコンポジットナノ粒子の合成についても報告されている[33]。図 6-32 にその反応システムを示す。CdSe の原料はシリンジポンプで送液され、300℃の油浴に浸した流路を通過する間に粒子を発生する。その後、ZnS の原料と混合され油浴で 220℃に加熱された流路を通ることでZnS コーティングされた CdSe 粒子が合成されている。

金属酸化物の微粒子の合成例も報告されている。金属酸化物を合成する手法としては水熱合成法が知られている。水熱合成法とは、高温で高圧の水の中で反応を進行させる合成法であり、通常はオートクレーブの中でバッチ的に行われる。しかし、オートクレーブ中の温度や圧力を再現性よく制御することは難しい。Sue らは、超臨界流体を媒体として用い、マイクロリアクタ内部で酸化亜鉛（ZnO）の微粒子を連続的に合成することに成功している[34]。実験では、マイクロ流路を利用して超臨界流体と硝酸亜鉛、水酸化カリウムを合流させ、マイクロリアクタ出口では流体を急冷している。超臨界流体の中では金属酸化物の溶解度が低いため核化が起こりやすく、かつ金属酸化物の合成も高速に進行する。実験の結果、平均粒径 9nm の ZnO 微粒子の合成が確認されている。

さて、ナノ粒子ではなくマイクロメートルサイズの大きさを持つ粒子を合成する試みも報告されている。この場合には生成した粒子が流路を閉塞させるおそれがあるため、ナノ粒子の合成よりも慎重にその対策を講じる必要がある。この種の研究でしばしば取り上げられるのは炭酸カルシウムの析出である。

Jongen らは、Segmented flow tubular reactor と呼ぶ反応装置を開発して炭酸カルシウム、チタン酸バリウムなどを合成している[35]。これは図 6-33 に示すように、原料を混合した直後にそれと混じり合わない別の流体を流して流体をセグメント化することで、滞留時間を一定にする効果をねらった装置である。炭酸カルシウムの合成では 25 時間の運転においても閉塞を生じることなく一定品質の粒子が得られたと報告している。

Löb らは、混合をわざと遅く進行させることで結晶の付着を防止するマイ

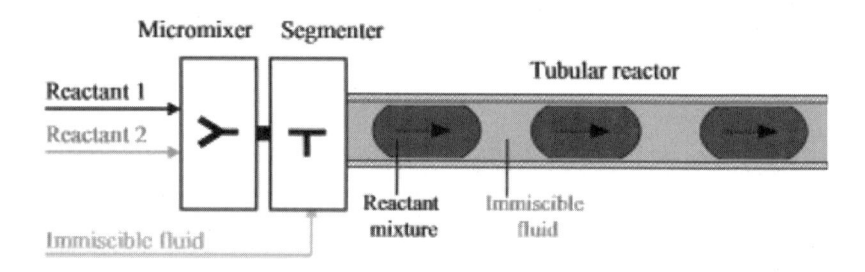

図 6-33 Segmented flow tubular reactor[35]。Copyright Wiley-VCH Verlag GmbH & Co. KGaA. Reproduced with permission.

図 6-34 液滴生成現象を利用した 2 種流体の混合。シミュレーション（左）とそれを利用した炭酸カルシウム合成の様子（右）[36]。Copyright Wiley-VCH Verlag GmbH & Co. KGaA. Reproduced with permission.

クロリアクタを提案している[36]。同心円状の流路を構成させ、中心と外部に原料流体を流すと図 6-34 に示すように液滴を生じてこの中で混合が進行する。しかも混合は液滴の中でもノズルに接触している上部ではなくノズルから距離を置いた液滴下部で進行する。すなわち、2 種の流体が接触してもすぐには混合が進行せず、ある程度離れた位置で混合が進行するため、粒子がノズルに付着するのを抑制できる。このリアクタ（図 6-34）は炭酸カルシウムの合成、および固体を生じる 2 種の有機反応（図 6-35）に適用され、安定に運転できることが確認されている。

Sotowa ら[37]は、油相中で 2 種の水相を合一させることのできるマイクロリアクタを開発して炭酸カルシウムの合成を行っている。図 6-36 にその

第6章 液相系の反応への応用

図6-35 アミンの四級化反応（上）とアミド合成反応[36]

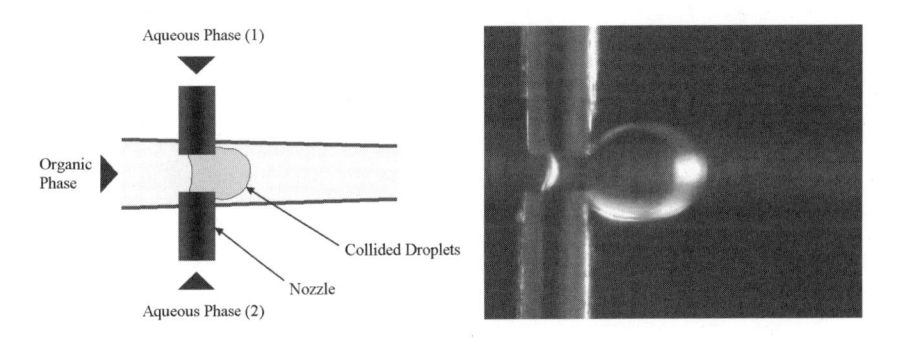

図6-36 液滴を利用した粒子合成用マイクロリアクタ。模式図（左）と実験の様子（右）[37]。Copyright Wiley-VCH Verlag GmbH & Co. KGaA. Reproduced with permission.

概略図と、実際に液滴を発生させている様子の写真を示す。このリアクタでは壁に接触している流体は常に油相である。したがって、粒子生成の原料となる水相流体を油相中で接触させても、水相中で粒子が生成するのみであって壁には粒子が付着しない。ここでは炭酸カルシウムの合成のほかに、銀ナ

ノ粒子の合成の検討に使用されている。炭酸カルシウムの合成では9時間の運転においても閉塞が生じないことが確認されている。

6.7 マイクロ化学プラント

　この章ではこれまでマイクロリアクタの応用として液相の反応を中心に事例を紹介してきた。それらは小さなマイクロリアクタを利用した実験室レベルの合成実験がほとんどである。一方で、マイクロリアクタを利用した化学プラント、すなわちマイクロ化学プラント（マイクロ化学プロセスと呼ばれることもある）を建設して工業レベルでの生産を行う試みも多く進められている。マイクロリアクタは流路が微細であるため生産量が少ない。工業規模での生産を行うためには、マイクロリアクタの特徴を生かしながら生産量を増大させる必要がある。マイクロ化学プラントは主としてナンバリングアップの手法によって生産量を増大させて構築されており、数十〜1000トンオーダーの生産を実現できる。既に生産設備として活用されているプラントもいくつか知られている。ここではこれまでに発表されているマイクロ化学プラントのいくつかを紹介する。

　古くから知られているマイクロ化学プラントとしては、Merck KGaA社のプラントが有名である[38]。これは、図6-37に示す有機金属反応を行うために開発されたプラントである。主要な結果を表6.1に示すが、従来は大型の装置で反応時間を長くとる運転が行われていたのに対して、マイクロ化学プラントでは、小型の装置で高い収率が得られている。マイクロリアクタでは除熱を効率的に行えるため、反応器の温度を−20℃にまで下げる必要がなくなったことから、運転エネルギーも大幅に削減されている。このプラントは1998年から稼働を開始している。なお、現在ではこの製品の需要がなくなったことから、このプラントは運転されていないようである。

　中国ではXi'an Chemical Industrial Groupが、IMM社と協力して心臓病の薬として使用されるニトログリセリンの製造プラントを完成させている。このプラントは一時間当たり15kgのニトログリセリン製造能力がある。プラントは濃硝酸と濃硫酸の混合部、リアクタ、それに分離精製の3

第6章　液相系の反応への応用

図6-37　Merck KGaA社が実施した有機金属反応

表6-1　マイクロ化学プラントと従来法の比較例

	反応温度	反応時間	収率
従来法（反応器容積6.3 m³）	−20℃	30分	72%
マイクロ化学プラント	−10℃	10秒以下	92%

つの部分から構成されている。マイクロリアクタを利用することで反応熱をうまく除くことができるほか、マイクロリアクタの体積が小さいために安全な操業ができるとしている[39]。

我が国では、2005年に終了したマイクロ分析・生産システムプロジェクトにおいてSwern酸化、有機微粒子合成、過酸化水素酸化などの9件のパイロットプラントが完成している[40]。また、日立製作所はナンバリングアップによって20個のマイクロリアクタを並列に接続した装置（図6-38）を発表している[41,42]。フェノールのニトロ化反応をこのマイクロリアクタを利用して実施し、ナンバリングアップ後も目的物質であるモノニトロ体の選択率が低下しないことが確認されている。

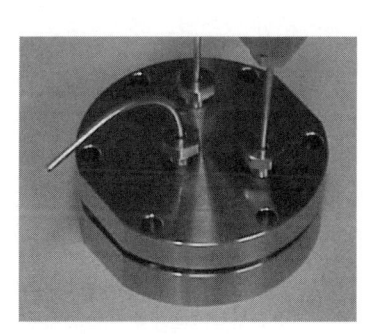

図6-38　日立製作所のマイクロリアクタ（左）とマイクロリアクタシステム（右）[42]。© 日立製作所、同社の許可を得て転載。

さらに 2007 年には、日宝化学がオルト酢酸メチルを製造するためのマイクロ化学プラントを稼働させている[43]。この装置では従来バッチ操作で 30 時間をかけていた反応を、200 秒の滞留時間で実施しており、年産 1000 トンを達成できると報じられている。

販売されているマイクロ化学プラントとしては、ドイツの CPC 社 (Cellular Process Chemistry GmbH。なお、CPC 社は 2007 年 11 月に株式会社ワイエムシィ（本社：京都市）に買収されている) の製品を論文などでよく見かける[44]。CPC 社の CYTOS システムはこの章で紹介した研究事例でもしばしば登場したが、それ以外にも様々な反応の検討に使用されており、そのリストをホームページでみることができる[44]。CYTOS システムにはいくつもの種類があるが、図 6-39 にその一般的なシステム（CYTOS Lab System）を示す。図 6-39 (a) は CYTOS の外観であるが、内部は図 (b) のようになっており、マイクロリアクタが設置されている。さらに各種の反応に対応できるよう、マイクロリアクタは取り替えが可能であり、流体の混合順や滞留時間を調節できるようになっている。

CPC 社はさらに CYTOS Pilot System というパイロットプラントを開発している（図 6-40）。これは CYTOS Lab System を 10 個並列に接続した構成になっており、CYTOS Lab System で最適な反応条件を発見できればそれを反映させることで直ちに生産量を 10 倍に増大できる。最大生産量は 20t/y といわれている。

液相反応へマイクロリアクタを適用した事例を紹介したが、多くの反応で収率向上などのメリットがあることが実証されていることをおわかりいただけたと思う。今後もマイクロリアクタによってメリットが現れる反応の例は増えていくものと期待される。

また、マイクロリアクタを実生産に取り入れる試みが着実に増えている。2007 年に発表された Kirschneck らの論文[45]によると全世界で 30〜40 のパイロットプラントが存在するといわれている。今後も世界で導入事例が増えていくと予想される。

第 6 章　液相系の反応への応用

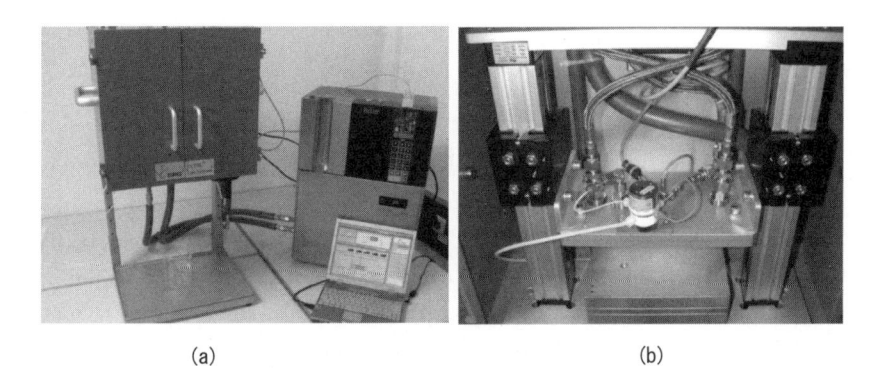

(a)　(b)

図 6-39　CYTOS Lab System の外観と内部[44]。ワイエムシィ社の許可を得て転載。

図 6-40　CYTOS Pilot System[44]。ワイエムシィ社の許可を得て転載。

参考文献

[1] L. Ducry, D.M. Roberge, "Controlled autocatalytic nitration of phenol in a microreactor," *Angew. Chem. Int. Ed.*, 44(48), pp.7972-7975 (2005)
[2] S. Suga, A. Nagaki, J.-i. Yoshida, "Highly selective Friedel-Crafts monoalkylation using micromixing," *Chem. Commun.*, pp.354-355 (2003)
[3] K. Jähnisch, M. Baerns, V. Hessel, W. Ehrfeld, V. Haverkamp, H. Löwe, Ch. Wille, A. Guber, "Direct fluorination of toluene using elemental fluorine in gas/liquid microreactors," *J. Fluorine Chem.*, 105(1), pp.117-128 (2000)
[4] T. Iwasaki, J.-i. Yoshida, "Free radical polymerization in microreactors. Significant improvement in molecular weight distribution control," *Macromolecules*, 38(4), pp.1159-1163 (2005)
[5] J. Choe, Y. Kwon, Y. Kim, H.-S. Song, K.H. Song, "Micromixer as a continuous flow reactor for synthesis of a pharmaceutical intermediates," *Korean J. Chem. Eng.*, 20(2), pp.268-272 (2003)
[6] H. Kim, K. Saitmacher, L. Unverdorben, Ch. Wille, "Pingments with improved properties – microreaction technology as a new approach for synthesis of pigments-," *Macromol. Symp.*, 187(1), pp.631-640 (2002)
[7] K. Mikami, M. Yamanaka, M.Z. Islam, T. Tonoi, Y. Itoh, M. Shinoda, K. Kudo, "Nanoflow microreactor for dramatic increase not only in reactivity but also in selectivity: Baeyer-Villiger oxidation by aqueous hydrogen peroxide using lowest concentration of fluorous lanthanide catalyst," *J. Fluorine Chem.*, 127(4-5), pp.592-596 (2006)
[8] M. Ueno, H. Hisamoto T Kitamori, S. Kobayashi, "Phase-transfer alkylation reactions using microreactors," *Chem. Commun.*, pp.936-937 (2003)
[9] S. Tadepalli, R. Halder, A. Lawal, "Catalytic hydrogenation of o-nitroanisole in a microreactor: Reactor performance and kinetic studies," *Chem. Eng. Sci.*, 62(10), pp.2663-2687 (2007)
[10] V. Hessel, C. Hofmann, P. Löb, H. Löwe, M. Parals, "Microreactor processing for the aqueous Kolbe-Schmitt synthesis of hydroquinone and phloroglucinol," *Chem. Eng. Technol.*, 30(3), pp.355-362 (2007)
[11] T. Kawaguchi, H. Miyata, K. Ataka, K. Mae, J.-i. Yoshida, "Room-

temperature Swern oxidations by using a microscale flow system," *Angew. Chem. Int. Ed.*, 44(16), pp.2413-2416 (2005)
[12] D.R.J. Acke and C.V. Stevens, "A HCN-based reaction under microreactor conditions: Industrially feasible and continuous synthesis of 3,4-diamino-1*H*-isochromen-1-ones," *Green Chem.*, 9(4), pp.386-390 (2007)
[13]C. Wiles, P. Watts, S.J. Haswell, E. Pombo-Villar, "The aldol reaction of silyl enol ethers within a micro reactor," *Lab Chip*, 1(2), pp.100-101 (2001)
[14] D.R.J. Acke, C.V. Stevens, "Study of the Baylis-Hillman reaction in a microreactor environment: First continuous production of Baylis-Hillman adducts," *Org. Process Res. Dev.*, 10(3), pp.417-422 (2006)
[15] C. Wiles, P. Watts, S.J. Haswell, E. Pombo-Villar, "1,4-addition of enolates to α,β-unsaturated ketones within a micro reactor," *Lab Chip*, 2(2), pp.62-64 (2002)
[16] G.M. Greenway, S.J. Haswell, D.O. Morgan, V. Skelton, P. Styring, "The use of a novel microreactor for high throughput continuous flow organic synthesis," *Sens. Actuators, B*, 63(3), pp.153-158 (2000)
[17] E. Garcia-Egido, S.Y.F. Wong, B.H. Warrington, "A Hantzsch synthesis of 2-aminothiazoles performed in a heated microreactor system," *Lab Chip*, 2(1), pp.31-33 (2002)
[18]V. Skelton, G.M. Greenway, S.J. Haswell, P.Styring, D.O. Morgan, B. Warrington, S.Y.F. Wong, "The preparation of a series of nitrostilbene ester compounds using microreactor technology," *Analyst*, 126(1), pp.7-10 (2001)
[19]V. Hessel, C. Hofmann, H. Löwe, A. Meudt, S. Scherer, F. Schönfeld, B Werner, "Selectivity gains and energy savings for the industrial phenyl boronic acid process using micromixer/tubular reactors," *Org. Process Res. Dev.*, 8(3), pp.511-523 (2004)
[20] P. Watts, C. Wiles, S.J. Haswell, E. Pombo-Villar, P.Styling, "The synthesis of peptides using microreactors," *Proceedings of the 5th International Conference on Microreaction Technology (IMRET-5)*, Eds. M. Matlosz, W. Ehrfeld, J. P. Baselt, Springer-Verlag Berlin Heidelberg New York, 2002.
[21] S.M. Lai, R. Martin-Aranda, K.L. Yeung, "Knoevenagel condensation reaction in a membrane microreactor," *Chem. Comm.*, pp.218-219 (2003)
[22] M. Brivio, R.E. Oosterbroek, W. Verboom, M.H. Goedbloed, A. van den

Berg, D.N. Reinhoudt, "Surface effects in the esterification of 9-pyrenebutyric acid within a glass micro reactor," *Chem. Commun.*, pp.1924-1925 (2003)

[23] S.J. Haswell, B. O'Sullivan, P. Styring, "Kumada-Corriu reactions in a pressure-driven microflow reactor," *Lab Chip*, 1(2), pp.164-166 (2001)

[24] S. Liu, T. Fukuyama, M. Sato, I. Ryu, "Continuous Microflow Synthesis of Butyl Cinnamate by a Mizoroki-Heck reaction using a low viscosity ionic liquid as the recycling reaction medium," *Org. Process Res. Dev.*, 8(3), pp.477-481 (2004)

[25] T. Fukuyama, M. Shinmen, S. Nishitani, M. Sato, I. Ryu, "A copper-free Sonogashira coupling reaction in ionic liquids and its application to a microflow system for efficient catalyst recycling," *Org. Lett.*, 4(10), pp.1691-1694 (2002)

[26] J.B. Edel, R. Fortt, J.C. deMello, A.J. deMello, "Microfluidic routes to the controlled production of nanoparticles," *Chem. Commun.*, pp.1136-1137 (2002)

[27] H. Nakamura, Y. Yamaguchi, M. Miyazaki, M. Uehara, H. Maeda, P. Mulvaney, "Continuous preparation of CdSe nanocrystals by a microreactor," *Chem. Lett.*, 31(10), pp.1072-1073 (2002)

[28] E.M. Chan, R.A. Mathies, A.P. Alivisatos, "Size-controlled growth of CdSe nanocrystals in microfluidic reactors," *Nano Lett.*, 3(2), pp.199-201 (2003)

[29] H. Wang, H. Nakamura, M. Uehara, M. Miyazaki, H. Maeda, "Preparation of titania particles utilizing the insoluble phase interface in a microchannel reactor," *Chem. Commun.*, pp.1462-1463 (2002)

[30] M. Takagi, T. Maki, M. Miyahara, K. Mae, "Production of titania nanoparticles by using a new microreactor assembled with same axle dual pipe," *Chem. Eng. J.*, 101(1-3), pp.269-276 (2004)

[31] M. Schur, B. Bems, A. Dassenoy, I. Kassatkine, J. Urban, H. Wilmes, O. Hinrichsen, M. Muhler, R Schlögel, "Continuous coprecipitation of catalysts in a micromixer: nanostructured Cu/ZnO composite for the synthesis of methanol," *Angew. Chem. Int. Ed.*, 42(32), pp.3815-3817, (2003)

[32] H. Nagasawa, K. Mae, "Development of a new microreactor based on annular microsegments for fine particle production," *Ind. Eng. Chem. Res.*, 45(7), pp.2179-2186 (2006)

[33] H. Wang, X. Li, M. Uehara, Y. Yamaguchi, H. Nakamura, M. Miyazaki, H. Shimizu, H. Maeda, "Continuous synthesis of CdSe-ZnS composite nanoparticles in a microfluidic reactor," *Chem. Commun.*, pp.48-49, (2004)

[34] K. Sue, K. Kimura, K. Arai, "Hydrothermal synthesis of ZnO nanocrystals using microreactor," *Mater. Lett.*, 58(25), pp.3229-3231 (2004)

[35] N. Jongen, M. Donnet, P. Bowen, J. Lemaître, H. Hofmann, R. Schenk, C. Hofmann, M. Aoun-Habbache, S. Guillemet-Fritsch, J. Sarrias, A. Rousset, M. Viviani, M.T. Buscaglia, V. Buscaglia, P. Nanni, A. Testino, J.R. Herguijuela, "Development of a continuous segmented flow tubular reactor and the "scale-out" concept – in search of perfect powders," *Chem. Eng. Technol.*, 26(3), pp.303-305 (2003)

[36] P. Löb, K.S. Drese, V. Hessel, S. Hardt, C. Hofmann, H. Löwe, R. Schenk, R. Schönfeld, B. Werner, "Steering liquid mixing speed in interdigital micro mixers – from very fast to deliberately slow mixing," *Chem. Eng. Technol.*, 27(3), pp.340-345 (2004)

[37] K.-I. Sotowa, K. Irie, T. Fukumori, K. Kusakabe, S. Sugiyama, "Droplet formation by the collision of two aqueous solutions in a microchannel and application to particle synthesis," *Chem. Eng. Technol.*, 30(3), pp.383-388 (2007)

[38] H. Krummradt, U. Kopp, J. Stoldt, "Experiences with the use of microreactors in organic synthesis," in W. Ehrfeld (ed.), *Proceeding of 3rd International Conference on Microreaction Technology (IMRET-3)*, pp.181-186, Springer-Verlag, Berlin, 2000.

[39] IMM 社、Press release, 2005 年 11 月 9 日

[40] http://www.nedo.go.jp/iinkai/kenkyuu/bunkakai/18h/jigo/15/1/6.pdf (マイクロ分析生産システムプロジェクト事後評価資料)：長谷部伸治、「マイクロ化学プラントを用いた生産-NEDO-マイクロ分析・生産システムプロジェクト報告 (1) -」、化学とマイクロ・ナノシステム、5(1), pp. 2-5 (2006)

[41] 日立製作所ニュースリリース、2006 年 3 月 27 日

[42] 小田将史、富樫盛典、遠藤喜重、河村勉、「医薬品、食品分野へのマイクロリアクタ技術適用」、日立評論、89(5), pp.422-423 (2007)

[43] 化学工業日報、2007 年 2 月 13 日

[44] CPC 社ホームページ：http://www.cpc-net.com/

[45] D. Kirschneck, G. Tekautz, "Integration of a microreactor in an existing

production plant," *Chem. Eng. Technol.*, 30(3), pp.305-308, (2007)

事項索引

あ行

アーク放電　35
アクリル樹脂　23
圧力損失　48
アノード　95
アルカリ形燃料電池　93
アルドール反応　129
アルミナ　22

移動現象論　43
医薬品中間体　120
インターディジタル型マイクロミキサ
　　31,65

ウィッティッヒ反応　135
ウェットエッチング　26

液滴　59
エステル化　40
エッチング　26
エネルギー利用効率　94

押しつけ　36
オンデマンド・オンサイト合成　13
温度拡散率　71

か行

改質システム　97
改質反応　98
外部ナンバリングアップ　79
界面張力　7,58
化学気相成長法　105
拡散　61
拡散距離　64
拡散係数　61
拡散接合　37
カソード　95
家庭用燃料電池　98
管型反応器　4,83
含浸法　106
慣性力　7,59

気体分子運動論　44
気泡塔型マイクロリアクタ　118
キャタピラー型マイクロミキサ　67
共焦点顕微鏡　55

空間時間　85
空気極　95
クーロン力　50
クヌーセン数　44
クネーフェナーゲル縮合　138
熊田・コリュー反応　141
グリニャール反応　136

懸濁液　56

構造体触媒　103
コジェネレーション　94

固体高分子形燃料電池　93
固体酸化物形燃料電池　93
コルベ・シュミット合成　126

さ　行

ジアゾ系顔料　121
質量保存の式　47
シーマン反応　117
射出成形　35
周期的温度変動操作　90
周期的濃度変動操作　90
衝突型　67
触媒被覆　104
シリコン　20,28
シリコンカーバイド　22
親水性　56

水素ステーション　98
数値流体力学　45
スケールアップ　6,79
鈴木・宮浦カップリング　133
ステンレス　21
スラグ流　58
スラリー　56
スラリー法　106
スワン酸化　127

成形加工　35
精密機械加工　5
石英ガラス　22
切削加工　31
接触角　56
セラミックス　21
ゼロエミッションリアクタ　14
遷移域　46

相間移動触媒　123
相当直径　46
層流　45
ソーダ石灰ガラス　21
薗頭カップリング　143
ゾルゲル法　22,106

た　行

滞留時間　7,85
対流伝熱　70
多相流　56
単相流　56

逐次反応　88
チャネリング　104
抽出　57
超臨界流体　149
直接接合　38

デッドボリューム　104
電解析出法　107
電気泳動法　107
電気浸透流　6,50
電気二重層　6
電磁波　70
伝導伝熱　70
伝熱　70

トップダウン技術　10
ドライエッチング　26

な　行

内部ナンバリングアップ　80
ナノテクノロジー　9
ナノリアクタ　11

ナノ粒子　144
ナビエストークスの式　47
ナンバリングアップ　6,79

2次流れ　54,68
2相流　56,61
2層流　57
ニトロ化　116

濡れ壁型マイクロリアクタ　118

熱交換型マイクロリアクタ　99
熱交換器　72
熱酸化法　106
熱伝達効率　100
熱伝導率　70
粘性力　7
燃料極　95
燃料電池自動車　98

は　行

バイリス・ヒルマン反応　130
バイヤー・ビリガー酸化　122
ハーゲン・ポアズイユの式　49
パッシブ型　97
半田付け　38
ハンチュ反応　134
半導体微細加工　5
反応性イオンエッチング　26
反応速度　84
反応速度定数　84
反応率　85

非定常操作　89
ビルドアップ法　145

フォーカシング型マイクロミキサ　66
フォトマスク　24
フォトリソグラフィ　24
フォトレジスト　24
深溝型マイクロリアクタ　105
輻射　70
物質収支式　84
フッ素化　117
フッ素樹脂　23
物理気相成長法　105
フライス盤　31
プライミング　76
ブラスト加工　34
フリーデル・クラフツ反応　116
フルオラスケミストリー　122
ブレークダウン法　145
分散電源　93
分子拡散　61
分子流　44

平均自由行程　44
閉塞　64,75
並列反応　88
ペプチド合成　137

ホウ珪酸ガラス　22
放電加工　34
ホットエンボス　35
ホットスポット　74
ボトムアップ技術　10
ポリカーボネート　23
ポリテトラフルオロエチレン　23

ま　行

マイクロTAS　6
マイクロ化学チップ　6

事項索引

マイクロ化学プラント　152
マイクロ化学プロセス　12,82
マイクロ構造体触媒　109
マイクロセパレータ　80
マイクロ熱交換器　101
マイクロ燃料電池　93
マイクロミキサ　64,80
マイクロメンブレンリアクタ　102
マイケル付加反応　131
マシニングセンター　31

溝呂木・ヘック反応　142

無電解メッキ法　107

メタノール直接形燃料電池　95

や　行

融着　36

陽極酸化法　105
陽極接合　37
溶融炭酸塩形燃料電池　93

ら　行

ラジカル重合　119
ラングミュア・ヒンシェルウッド　125
乱流　45
乱流拡散　61

リソグラフィー　24
流体力学　44
臨界レイノルズ数　46
リン酸形燃料電池　93

レイノルズ数　7,46
レーザ加工　35
レーザ溶接　38
連続流体　44

わ　行

ワイヤ放電加工　35

アルファベット

AFC　93

CAD　31
CAM　31
CFD　45
CO 選択酸化反応　98
CO 変成反応　98
CVD　105
CYTOS　128,154

Dean 渦　54
Deep RIE　28
DMFC　95

EDM　34

Falling film　61
Falling film microreactor　118
Fick の法則　61
FOTURAN　30

ICP-RIE　28

K-M ミキサ　67

Lab-on-a-chip　6

事項索引

LIGA プロセス　*30*

MCFC　*93*
MEMS　*17*
Micro bubble column　*118*
Microchannel reactor　*5*
Microfabricated reactor　*5*
Microtube reactor　*18*

NC 制御　*31*

PAFC　*93*
PDI　*119*
PDMS　*23,28*
PEFC　*93*
PFR　*83*

PIV　*45*
PMMA　*23*
PTFE　*23*
PVD　*105*

RIE　*26*

Segmented flow tubular reactor　*149*
SiC　*22*
SI 単位　*2*
SOFC　*93*
Split and recombine 型　*67*
StarLaminator　*68*
SU-8　*30*

Villermaux-Dushman 反応　*69*

<著者略歴>

草壁克己

1954 年　福岡県生まれ
1982 年　九州大学大学院工学研究科博士課程修了
その後、九州大学大学院工学研究院助教授などを経て、
現在　福岡女子大学人間環境学部教授
工学博士

外輪健一郎

1968 年　広島県生まれ
1997 年　英国 Leeds 大学化学工学科博士課程修了
その後、九州大学大学院工学研究院助手、徳島大学工学部講師などを経て、
現在　徳島大学大学院ソシオテクノサイエンス研究部准教授
PhD

マイクロリアクタ入門

2008 年 3 月 13 日　　初　　版

著　者……………草　壁　克　己
　　　　　　　　　外　輪　健一郎
発行者……………米　田　忠　史
発行所……………米　田　出　版
　　　　　　〒272-0072　千葉県市川市本行徳 31-5
　　　　　　電話　047-356-8594
発売所……………産業図書株式会社
　　　　　　〒102-0072　東京都千代田区飯田橋 2-11-3
　　　　　　電話　03-3261-7821

　ⓒ　Katsuki Kusakabe
　　　Ken-Ichiro Sotowa　2008　　　　　　　　中央印刷・山崎製本所

ISBN978-4-946553-32-5　C3058